高职高专计算机系列

C语言程序设计任务驱动式教程

C Language Programming Tutorial

宋铁桥 刘洁 ◎ 主编
赵叶 刘少坤 李兴国 ◎ 副主编

人民邮电出版社
北京

图书在版编目（CIP）数据

C语言程序设计任务驱动式教程 / 宋铁桥，刘洁主编
. -- 北京 ： 人民邮电出版社，2015.9（2018.1重印）
工业和信息化人才培养规划教材. 高职高专计算机系
列
ISBN 978-7-115-39719-5

Ⅰ. ①C… Ⅱ. ①宋… ②刘… Ⅲ. ①C语言－程序设
计－高等职业教育－教材 Ⅳ. ①TP312

中国版本图书馆CIP数据核字(2015)第143877号

内 容 提 要

本书以任务驱动的方式讲解了 C 语言的基础知识和编程方法。全书共分 10 个单元，包括认识 C 语言程序、C 语言程序设计基础、顺序结构程序设计、选择结构程序设计、循环结构程序设计、数组、函数、指针、结构体和文件、项目实训—ATM 机功能实现。附录中介绍了 C 语言中的关键字、常用字符与 ASCII 代码对照表、运算符的优先级和结合方向以及常用的 C 语言标准库函数。

本书适合作为高职高专院校 C 语言课程的教材，也可供 C 语言初学者参考阅读。

◆ 主　　编　宋铁桥　刘　洁
副 主 编　赵　叶　刘少坤　李兴国
责任编辑　桑　珊
责任印制　杨林杰

◆ 人民邮电出版社出版发行　　北京市丰台区成寿寺路 11 号
邮编　100164　　电子邮件　315@ptpress.com.cn
网址　http://www.ptpress.com.cn
三河市潮河印业有限公司印刷

◆ 开本：787×1092　1/16
印张：15.75　　　　2015 年 9 月第 1 版
字数：354 千字　　　2018 年 1 月河北第 5 次印刷

定价：38.00 元

读者服务热线：(010)81055256　印装质量热线：(010)81055316
反盗版热线：(010)81055315

前言 FOREWORD

C语言是国内外广泛流行的程序设计语言，它功能强大、数据类型丰富、使用灵活、通用性强，并兼有面向硬件编程的低级语言特性和可读性强的高级语言特性。C语言不仅适用于系统软件的设计，还适用于应用程序的设计，在操作系统编制、工具软件制作、图形图像处理软件制作、数值计算、人工智能、数据库系统制作等多个方面得到广泛的应用。大量的编程人员掌握和应用着C语言，国内高校广泛学习和普遍使用C语言，C语言已经成为软件开发工具中的主流。因此，学习和使用C语言成为广大计算机应用人员和学生的迫切需要。

为此，我们组织多年从事C语言程序设计教学工作的，具有丰富教学经验的一线教师和工程技术人员编写了本书。希望本书能够满足广大计算机工程技术人员、国内各高职院校学生学习和应用C语言程序设计的需求。

本书采用任务驱动模式，从日常生活中的典型事例入手，由浅入深，对C语言程序设计的内容进行了详细的阐述。通过典型任务培养学生分析问题、解决问题的能力和团队合作精神，围绕任务将C语言中的语法和规则渗透到教学中，增强课程内容与职业岗位能力要求的关联。另外，本书重点、难点适中，用若干个典型任务贯穿本书，增加了教学的趣味性，可激发学生的学习兴趣和学习积极性，并使学生在解决问题的过程中获得更多的成就感，提高学习自信心。

本书的特点是通俗易懂、实例丰富、目标明确、针对性强，以任务驱动为主线，使读者轻松愉快地学到相应的知识和技能。

本书由河北工业职业技术学院的宋铁桥、刘洁任主编，河北工业职业技术学院的赵叶、刘少坤和石家庄日报社的李兴国任副主编，河北工业职业技术学院的吕新平、张国娟参与了部分内容的编写工作。全书由宋铁桥统稿，刘少坤主审了全书。

由于编者水平有限，书中如有不足之处敬请使用本书的师生与读者批评指正。

编者

2015年5月

目录 CONTENTS

第1单元 认识C语言程序

问题引入

语言是人和人之间交流信息不可缺少的工具，而在当今社会，计算机遍布了我们生活的每一个角落，那么除了人和人的相互交流外，用什么方式可以和计算机做最直接的交流呢?

人们之间的交流使用汉语、英语等自然语言，人和计算机之间的交流则要使用程序设计语言。其中C语言自1972年诞生于贝尔实验室以来，至今已四十余年，此间信息技术迅猛发展，虽有众多程序设计语言大量涌现，但C语言仍旧是世界范围内被普遍采用的优秀程序设计语言。由于其具有高级语言形式以及功能丰富、灵活方便、应用面广、可移植性强等诸多优点，因而被众多高等院校选作计算机教学典型的程序语言。

知识目标

1. 掌握C语言程序的基本结构
2. 熟悉C语言程序的执行过程

技能目标

1. 能够理解C语言的特点
2. 能够掌握C语言程序基本结构
3. 能够理解C语言程序执行过程
4. 能够熟悉Visual C++ 6.0集成开发环境

任务1 走进C语言世界——C语言概述

● 工作任务

通过查阅资料、网络资源，了解C语言的发展史、特点及学习方法。

● 思路指导

1. 在“国家精品课程资源网”等网络资源上查阅资料。
2. 查阅相关书籍，对C语言有初步了解。

● 相关知识

（一）C 语言的发展和特点

1. C 语言的发展过程

C 语言是 1972 年由美国的 Dennis Ritchie（里奇）设计发明的，它由早期的编程语言 BCPL（Basic Combind Programming Language）发展演变而来。

随着微型计算机的日益普及，C 语言出现了许多版本，由于没有统一的标准，使得这些 C 语言之间出现了一些不一致的地方。为了改变这种情况，美国国家标准研究所（ANSI）为 C 语言制定了一套 ANSI 标准，成为现行的 C 语言标准。

早期的 C 语言主要是用于 UNIX 系统，由于 C 语言的强大功能和各方面的优点逐渐为人们认识，到了 20 世纪 80 年代，C 语言开始进入其他操作系统，并很快在各类大、中、小和微型计算机上得到了广泛的使用，成为当代最优秀的程序设计语言之一。

2. C 语言的特点

（1）C 语言是一种结构化语言。

（2）层次清晰，便于按模块化方式组织程序，易于调试和维护。

（3）C 语言的表现能力和处理能力极强。

（4）具有丰富的运算符和数据类型，便于实现各类复杂的数据结构。

（5）可以直接访问内存的物理地址，进行位（bit）一级的操作。

（6）由于 C 语言实现了对硬件的编程操作，因此 C 语言集高级语言和低级语言的功能于一体，既可用于系统软件的开发，也适用于应用软件的开发。

（7）效率高，可移植性强。

（二）为什么要学习 C 语言

根据上述 C 语言的特点，我们可以看到 C 语言应用极其广泛，在对操作系统和对硬件进行操作的场合，C 语言明显优于其他高级语言。

C 语言语言简洁，表达能力强，只有 32 个关键字，9 种控制语句，便于初学者学习和掌握。

C 语言久经考验，有现成的大量优秀代码和资料，便于参考和学习。

程序设计语言都是相通的，万变不离其宗。掌握了 C 语言，再进一步学习面向对象的语言，如 Java 语言、C#语言，可以达到事半功倍的目的。

因此，在绝大多数高等院校的软件及相关专业的课程链路图中，C 语言总是作为第一门程序设计课程。学生通过本课程的学习，可以了解程序设计语言的基本知识，锻炼逻辑思维能力，为后续程序设计课程打下基础。

（三）怎样学好 C 语言

（1）反复阅读教材。初学者遇到的大部分问题，教材上都有解释。书读百遍，其义自见。

（2）默写程序。读者看懂教材上的程序例题、确保看懂之后，可按照例题的思路默写出来；尝试过就会知道看懂和默写是两个完全不同的程度。在练习书后的习题时，要独立思考，尽量先不要看答案或提示。熟能生巧，编程亦是如此。

（3）阅读他人的程序。没有哪个作家不大量阅读别人的作品，同样读者也可以从别人的代码中吸取营养。经典代码需要记诵。

● 任务实施

查阅、学习书籍资料及网络资源。

● 特别提示

（1）当编程遇到问题时，首先应该查看编译器提供的信息。编译本身就能输出大量的提示。如果还不能解决，查阅教材和文档，或上网查询。

（2）能看懂别人的程序，但自己做就觉得无从下手。

这个问题每个刚开始学习编程的人都会遇到，初学编程就像解应用题一样，首先要建立一个抽象描述模型，建立数学表达式，给出求解的方法，也就是算法，最后把算法转化为程序。随着学习的深入，就会慢慢提高逻辑思维能力。

（3）英语不行怎么办？

C语言全部关键字一共32个，而其中有6到7个的使用率超过78%；就编程本身而言，错误和警告提示也是有限的几句英语，只要勤于学习和总结，学好程序设计语言是没有问题的。

任务2 制作一张自己的名片——C程序框架结构

● 工作任务

刚刚走进大学校门的同学，首先使用C语言为自己制作一张名片，让老师和同学们记住你的名字吧。

● 思路指导

想要用C语言编写程序，在屏幕上输出名片，就要了解C语言的结构特点、编写规则，学会使用C语言的编译运行环境。

● 相关知识

（一）C语言程序的基本结构

为了说明C语言源程序结构的特点，先看一下后面给出的几个程序。这几个程序由简到难，表现了C语言源程序在组成结构上的特点。虽然有关内容还未介绍，但可从这些例子中了解到组成一个C语言源程序的基本部分和书写格式。

例1.1 用C语言编程，在屏幕上显示“Hello C Program!”

```
/*输出"Hello C Program! "*/
#include <stdio.h> //预处理命令
void main()   //主函数
{
```

```
    printf("Hello C Program! \n");  //输出语句
}
```

main 是主函数的函数名，表示这是一个主函数。每一个 C 语言源程序都必须有且只能有一个主函数。

函数调用语句 printf 函数的功能是把要输出的内容送到显示器显示出来。printf 函数是一个由系统定义的标准函数，可在程序中直接调用。

在 main() 之前的一行以“#”开始的部分是预处理命令。预处理命令还有其他几种，这里的 include 称为文件包含命令，其意义是把尖括号<>或引号""内指定的文件包含到本程序来，成为本程序的一部分。被包含的文件通常是由系统提供的，其扩展名为.h。因此也称为头文件。C 语言的头文件中包括了各个标准库函数的函数原型。因此，凡是在程序中调用一个库函数时，都必须包含该函数原型所在的头文件。

需要说明的是，C 语言规定对 scanf（输入函数）和 printf 这两个函数可以省去对其头文件的包含命令。所以在本例中也可以删去第一行的包含命令#include。

通过阅读以上内容，可以掌握以下知识。

1. C 语言程序的构成

（1）一个源程序都有且只有一个 main() 函数，即主函数，其前面的 void 代表函数没有返回值。main() 函数下面用 {} 括起来的部分是一个程序模块。C 语言的程序总是从主函数开始执行，并且回到主函数结束。

（2）以“#”开始的语句属于预处理命令。源程序中可以有预处理命令，预处理命令通常放在源程序的最前面。

（3）每一个语句都必须以分号结束，但预处理命令、函数头和花括号之后不加分号。

（4）标识符和关键字之间，至少要加一个空格。

（5）源程序中需要解释和说明的部分，可以加以注释，以增加程序的可读性。编译系统会跳过注释行，不对其进行编译。“/*......*/”表示多行注释，“//”表示单行注释。

2. C 语言程序的书写规则

（1）在 C 语言中，虽然一行可以有多个语句，一个语句也可占多行，但建议一行只写一个语句。

（2）一般采用缩进格式为书写格式，以提高程序的可读性和清晰性。

（3）C 语言源代码一般用小写字母书写，除非另有约定。

（4）在程序代码中，应加上必要的注释。

（二）编译和运行 C 语言应用程序

1. C 语言应用程序的处理流程

编写好一个 C 语言程序后，如何上机运行呢？写好一个 C 语言源程序后，一般要经过编辑、编译、连接、运行才能得到程序结果，如图 1-1 所示。

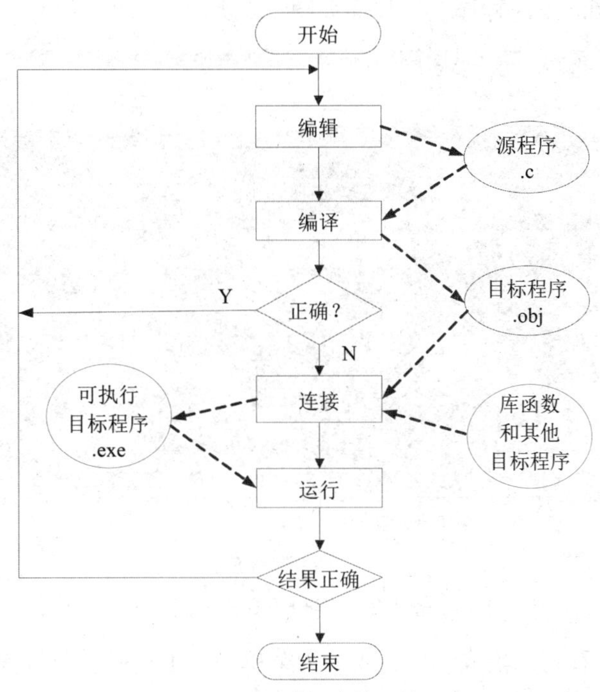

图 1-1 C 语言程序处理流程

（1）编辑：在文本编辑器中，用C语言语法编写源程序代码。源程序文件的扩展名为.c。

（2）编译：通过编译器将源程序转换成机器代码，生成目标程序（*.obj），在C语言源程序的编译过程中，可以检查出程序中的语法错误。

（3）连接：C语言是模块化程序设计语言，一个C语言应用程序可能由多个程序设计者分工合作完成，需要将所用到的库函数以及其他目标程序连接为一个整体，生成可执行文件（*.exe）。

（4）运行：运行可执行文件后，可获得程序运行结果。

2. C语言运行环境的应用

（1）C语言的IDE环境介绍。

程序设计语言一般都有其编译运行环境。运行环境一般包括代码编辑器、编译器、调试器和图形用户界面工具，即集成了代码编写功能、分析功能、编译功能、调试功能。这种集成了编译、运行、调试等功能的软件套组称作集成开发环境（Integrated Development Environment，IDE）。C语言的集成开发环境（IDE）很多，有的教程使用的是Turbo C运行环境。本书采用VC++ 6.0编译程序作为C语言的集成开发环境。VC++ 6.0是C++程序默认的编译器，因为C++是在C语言基础上产生的，所以也兼容C语言的编译和运行。VC++ 6.0环境具有方便、直观、快捷的编辑器及丰富的库函数，能够把程序编辑、编译、连接和运行等操作全部集中在一个软件中进行，十分方便。

（2）VC++ 6.0的使用。

为了能使用VC++ 6.0，必须先将VC++ 6.0安装在计算机中。以下就以VC++ 6.0开发环境为例，介绍C语言程序的编辑、编译、连接、运行过程。

① 启动 VC++ 6.0 编译程序。主界面如图 1-2 所示。

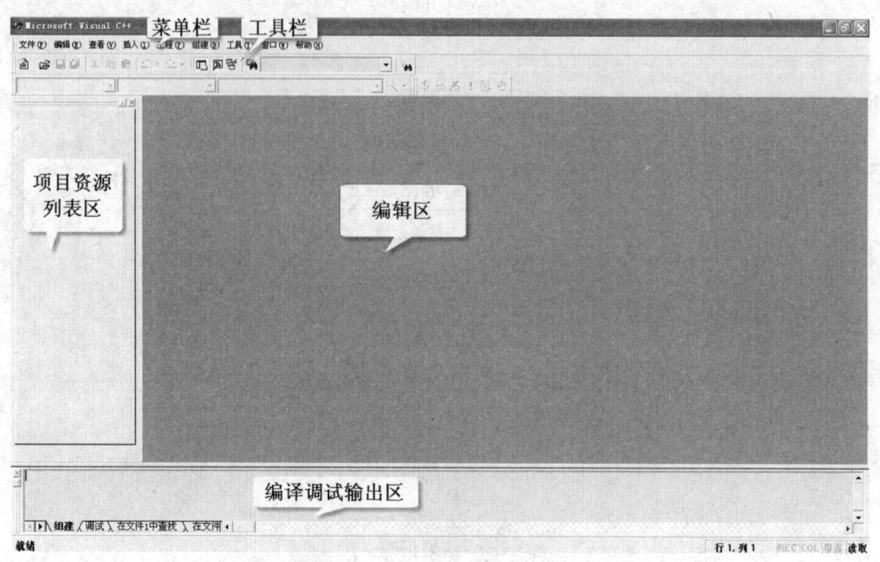

图 1-2　VC++ 6.0 主界面

从图 1-2 中可以看到，集成环境主要分为菜单栏、工具栏、项目资源列表区、编辑区和编译调试输出区等。

② 创建源文件。要编辑 C 程序，就需要建立 C 源文件。在主菜单下，选择“文件”→“新建”菜单命令，弹出“新建”对话框，如图 1-3 所示。

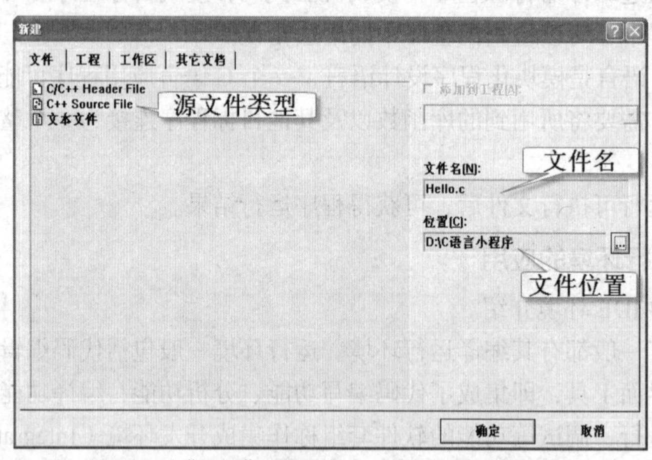

图 1-3　“新建”对话框——创建 C 源程序文件

在“新建”对话框中，选取“文件”选项卡，选择新建文件类型为“C++ Source File”，并在“文件名”下的文本框中输入 Hello.c（这里需要输入 C 源程序的扩展名.c，因为 VC++ 6.0 默认是 C++的编译程序，其扩展名为.cpp），选择存储文件的路径，单击“确定”，系统进入编辑状态。

③ 编辑源文件。在编辑区中添加自己的代码，即将例 1.1 中的代码输入到编辑区，如图 1-4 所示。

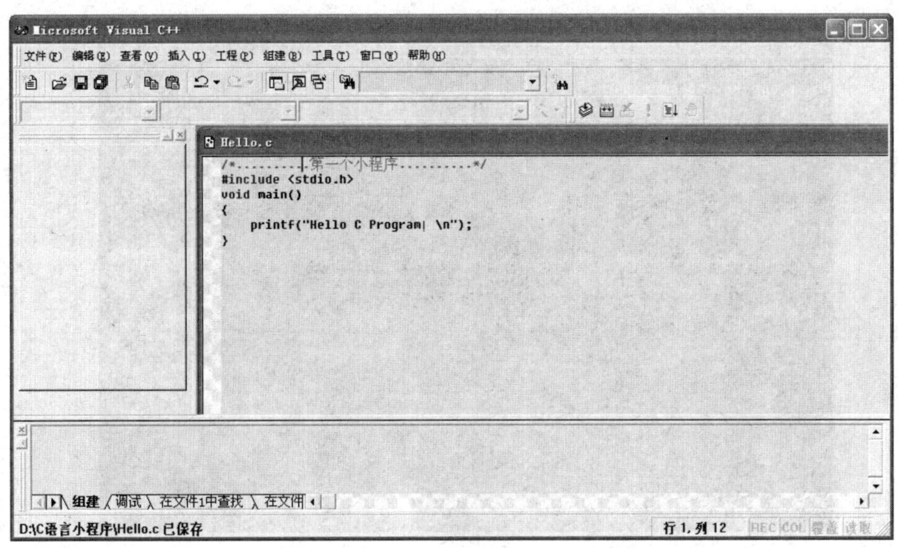

图 1-4　编辑源文件

④ 编译、连接源程序。按工具栏上的键，或选取菜单“组建”→“编译”选项，系统就会对当前的源程序进行编译，生成一个目标程序文件，扩展名为“.obj”。按工具栏上的，或选取菜单“组建”→“组建”选项，系统会将目标程序文件和库文件连接，生成一个可执行文件，扩展名为“.exe”。

如果源程序有编译或连接上的错误，执行完相应命令后，系统将在屏幕下方编译调试输出区显示错误信息，可以根据出错信息进行修改、编辑、连接。如此反复，直到没有错误为止，如图 1-5 所示。

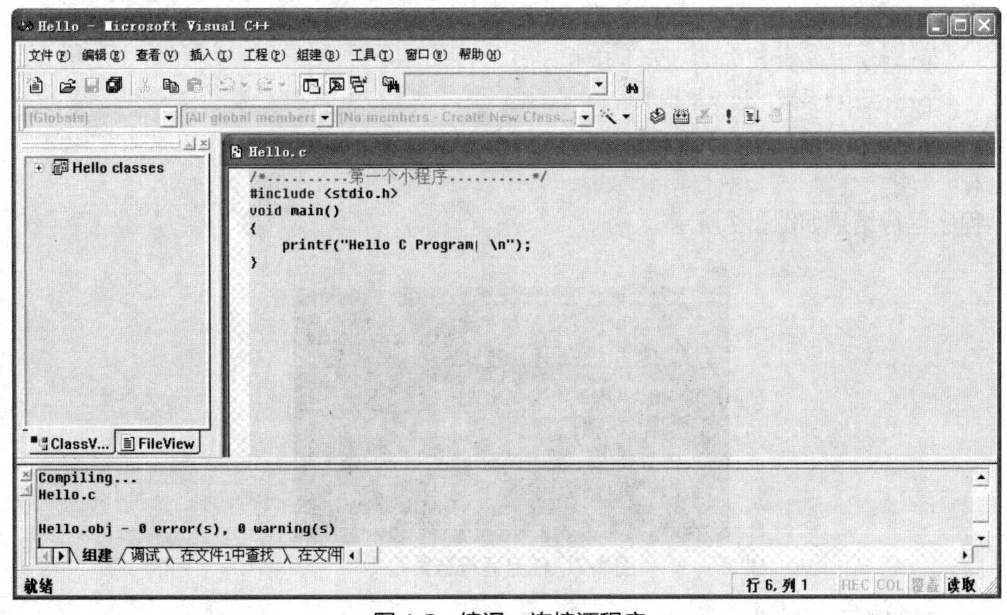

图 1-5　编译、连接源程序

⑤ 执行程序。按工具栏上的!键，或选择菜单“组件”→“执行”，系统会运行当前的可执行文件，并输出运行结果，如图 1-6 所示。

图 1-6　例 1.1 程序运行结果

● 任务实施

小名片程序代码如下。

```
/*******我的小名片*******/
#include <stdio.h>
void main()
{
    printf("*****************************\n");
    printf("姓名：小强\t 性别：男\n");
    printf("学校：河北工业职业技术学院\n");
    printf("系别：计算机技术系\n");
    printf("*****************************\n");
}
```

程序运行结果如图 1-7 所示。

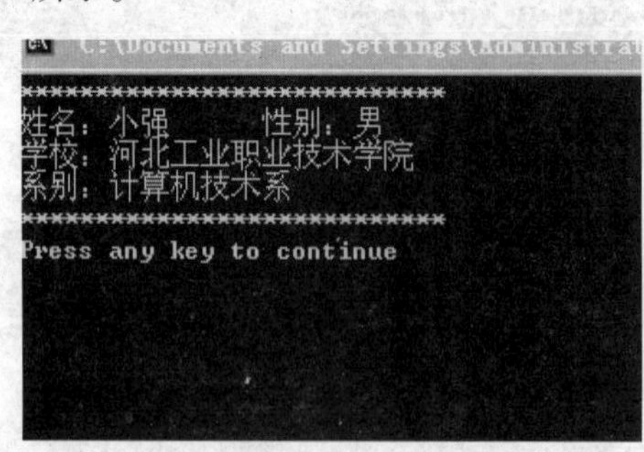

图 1-7　任务运行结果图

● 特别提示

（1）编译调试输出区错误提示很多怎么办？

错误提示很多，不用怕。这些错误往往是由一个错误引发的。在屏幕下方编译调试输出区中找到第一行错误，双击第一个错误，指针就会指向错误所在行。根据错误提示进行修改，再次编译，也许其他错误提示就都没有了。

（2）初写代码需要注意的问题。

① 每条语句要以分号结束；

② 关键字拼写一定要正确，C语言区分大小写；

③ 语句中的引号、分号等标点符号全部是英文半角；

④ “\n”、“\t”要写在双引号里面，“\n”表示回车换行，“\t”相当于水平制表符，表示空格输出；

⑤ 在同一路径下，两个C源程序文件不能命名相同。

拓展与提高

1. 编程实现在屏幕上显示如下三行文字。

```
        Hello, world !
        Welcome to the C language world!
        Everyone has been waiting for.
```

程序 example.c 如下。

```
main()
{
    printf("Hello,World!\n");
    printf("Welcome to the C language world!\n");
    printf("Everyone has been waiting for.\n");
}
```

2. 输入并运行程序，写出运行结果。

```
main()
{
    int a,b,sum;
    a=123;b=456;
    sum=a+b;
    printf("sum is %d\n",sum);
}
```

结果为

```
sum is 579
```

单元小结

本单元介绍了C语言的发展和特征，以及C语言的学习方法，重点介绍了C语言的程序结构、运行过程及 VC++ 6.0 开发环境。

读者可从小程序入手，通过上机练习，熟悉 C 语言程序的开发环境。工欲善其事，必先利其器，要精通一门语言，还需要继续深入的学习。

思考与训练

1. 讨论题

讨论 C 程序的结构是由哪几个部分组成的。

2. 选择题

（1）一个 C 程序是由（　　）。

A. 一个主程序和若干子程序组成

B. 一个或多个函数组成

C. 若干过程组成

D. 若干子程序组成

（2）一个 C 程序的执行是从（　　）。

A. main 函数开始，直到 main 函数结束

B. 第一个函数开始，直到最后一个函数结束

C. 第一个语句开始，直到最后一个语句结束

D. main 函数开始，直到最后一个函数结束

（3）C 语言语句的结束符是（　　）。

A. 回车符　　B. 分号　　C. 句号　　D. 逗号

（4）以下说法正确的是（　　）。

A. C 程序的注释可以出现在程序的任何位置，它对程序的编译和运行不起任何作用

B. C 程序的注释只能是一行

C. C 程序的注释不能是中文文字信息

D. C 程序的注释中存在的错误会被编译器检查出来

（5）以下说法正确的是（　　）。

A. C 程序中的所有标识符都必须小写

B. C 程序中关键字必须小写，其他标识符不区分大小写

C. C 程序中所有标识符都不区分大小写

D. C 程序中关键字必须小写，其他标识符区分大小写

3. 填空题

（1）C 语言源程序文件的后缀是______，编译后生成目标文件的扩展名是______，经过连接后生成可执行文件的扩展名是______。

（2）C 程序注释是由______和______所界定的文字信息组成的。

（3）源程序的执行要经过______、______、______和______4个步骤。

4. 编程题

（1）试编写一个C程序并上机调试，运行后能输出以下信息。

```
****************************************
This is my first program.
****************************************
```

（2）编写程序，用“*”输出字母C。

第2单元 C语言程序设计基础

问题引入

上一个单元，我们制作了小名片，那么更进一步提出问题，如何用程序语言描述一个人的年龄、性别、身高、体重？在程序中，数据又是如何存储的？带着这些问题，我们继续学习C语言吧。在本单元，将通过几个小任务介绍C语言中的标识符、常量、变量、简单数据类型、基本运算符号、表达式和数据类型转换等。这是以后深入学习C语言的重要基础。

知识目标

1. 掌握标识符及命名规则
2. 掌握基本数据类型及其表示形式
3. 理解运算符的运算规则及优先级关系
4. 学会基本数据类型间的转换规则

技能目标

1. 能够正确命名标识符
2. 能够表示变量和常量
3. 能够应用运算符和表达式
4. 能够进行基本数据类型的转换

任务1 计算圆的面积——整型与实型数据，常量与变量

- 工作任务

在C语言中，整型、实型数据如何描述，什么是常量，什么是变量？在解答这些问题之前，先看一道数学问题。

已知圆的半径r，求圆的面积s的值。

● 思路指导

已知：圆的半径r，整型。计算中用到圆周率PI值为3.14，是实型数据，并且在运算中值不可变。

输出：圆的面积s，实型数据。

处理：利用圆面积公式，求得圆面积。

● 相关知识

（一）标识符

标识符，就是程序用到的元素的名字。在程序中使用的变量名、常量名、数组名、函数名、标号等统称为标识符（变量、常量、数组、函数等将在后续章节介绍）。C语言中的标识符分为两大类，一类是系统标识符，另一类是用户标识符。

1. 系统标识符

系统标识符又称为关键字，是由C语言规定的具有特定意义的字符串，通常也称为保留字。用户自定义的标识符不应与关键字相同。C语言的关键字分为以下几类。

（1）类型说明符。用于定义和说明变量、函数或其他数据结构的类型。如上一单元中用到的int、double等。

（2）语句定义符。用于表示一个语句的功能。如if···else就是条件语句的语句定义符。

（3）预处理命令字。用于表示一个预处理命令。如前面各例中用到的include。

2. 用户标识符

用户自定义的标识符称为用户标识符。C语言规定，标识符只能是由字母（A~Z，a~z）、数字（0~9）、下画线组成的字符串，并且其第一个字符必须是字母或下画线。

如：_fen、aaa、a2、book、BOOK、h2h都是合法的标识符。

【思考】*以下标识符合法吗？*

```
3s，s*T，-3x，bowy-1
```

在使用标识符时还必须注意以下几点。

（1）在标识符中，大小写是有区别的。例如BOOK和book 是两个不同的标识符。

（2）标识符虽然可由程序员随意定义，但标识符是用于标识某个量的符号。因此，命名应尽量有相应的意义，以便阅读理解，做到“见名知意”。

（3）标识符不能和关键字相同。关键字是C语言预先定义的、有固定含义的标识符，不能重新定义，也不能用作他用。

（二）常量和变量

1. 常量

在程序的运行过程中，其值不能被改变的量就是常量。在C语言中，常量也有不同的表现形式。

（1）直接常量。就是通常说的常数，从表面形式即可判断它属于哪种数据类型。例如234是整型、5.89是实型、'7'是字符型等。

（2）符号常量。是指用编译予处理命令#define 规定一个标识符代表一个常量。在程序之前定义符号常量，通常常量名用大写字母标识。

常量声明格式一般为

```
#define  <常量名>  <常量值>
```

例如：求圆的面积，可以定义 PI 为常量，值为 3.14，常量声明方式为

```
#define  PI 3.14
```

例 2.1　符号常量的使用

```
/**符号常量的使用**/
#include <stdio.h>
#define PRICE 10 //声明常量
void main()
{
    int total,num; //声明变量
    num=5;
    total=num*PRICE; //应用常量
    printf("%d",total);
}
```

程序中用#define 命令定义常量 PRICE 代表 10，在本程序中出现的 PRICE 都代表 10。

2. 变量

变量是指在程序执行过程中值可以改变的量，变量具有三要素：名称、类型和值。认识变量应从这 3 个要素入手。每个变量都有一个名字，称为变量名。变量在计算机内存中占据一定的存储单元，存储单元中存放着变量的值。事实上，对变量名的使用就是对其值的使用，至于它的存储单元号并不需要关心。在 C 语言中，变量必须遵循“先定义，再赋值，后使用”的原则。

（1）定义变量。

在 C 语言中，变量的使用必须首先定义。变量的定义形式如下：

```
类型说明符  变量名 1 [,变量名 2,…];
```

其中，方括号中的内容为可选项，可以同时定义多个相同类型的变量，之间用逗号分隔，如：int a,b,c;。

（2）初始化变量。

变量的初始化是指在定义变量的同时就给它赋一个初值。初始化语句格式如下：

```
类型说明符  变量名 1=初值 1 [,变量名 2=初值 2,…];
```

例如：float x=4.5;、char ch1='t';、 ch2='h';等都是合法的初始化语句。

（3）给变量赋值。

给变量赋值是指把一个数据传送到系统给变量分配的存储单元中。定义变量时，系统会自动根据变量类型为其分配存储空间。但是如果此变量在定义时没有被初始化，那么它的值就是一个无法预料的、没有意义的值，所以通常要给变量赋予一个有意义的值。一般

形式如下：

```
变量=表达式;
```

例如：

```
x=6;
j=j+k;
```

对于赋值语句，有如下说明。

① “=”在 C 语言中是赋值符号，不是等号。C 语言中的等号用“==”表示。

② 赋值运算是把“=”右边表达式的值赋值给“=”左边的变量。因此，像 a=a+1 这样的在数学中认为是不成立的表达式，在 C 语言中却是认可的，它表示将 a 原来的值加上 1 后再赋给 a。

③ 允许辗转赋值，即允许一个表达式中包含多个“=”。例如：

```
int x,y,z;
x=y=z=1;
```

表示先把 1 赋给变量 z，再把 z 的值赋给变量 y，最后将 y 的值赋给变量 x。

（三）C 语言的数据类型

程序、算法处理的对象是数据。数据以某种特定的形式存在（如整数、实数、字符），而且不同的数据还存在某些联系（如由若干整数构成的数组）。

C 语言中数据是有类型的，数据的类型简称数据类型。例如，整型数据、实型数据、字符型数据、字符数组类型（字符串）分别代表我们常说的整数、实数、字符、字符串。C 语言提供的数据类型如图 2-1 所示。

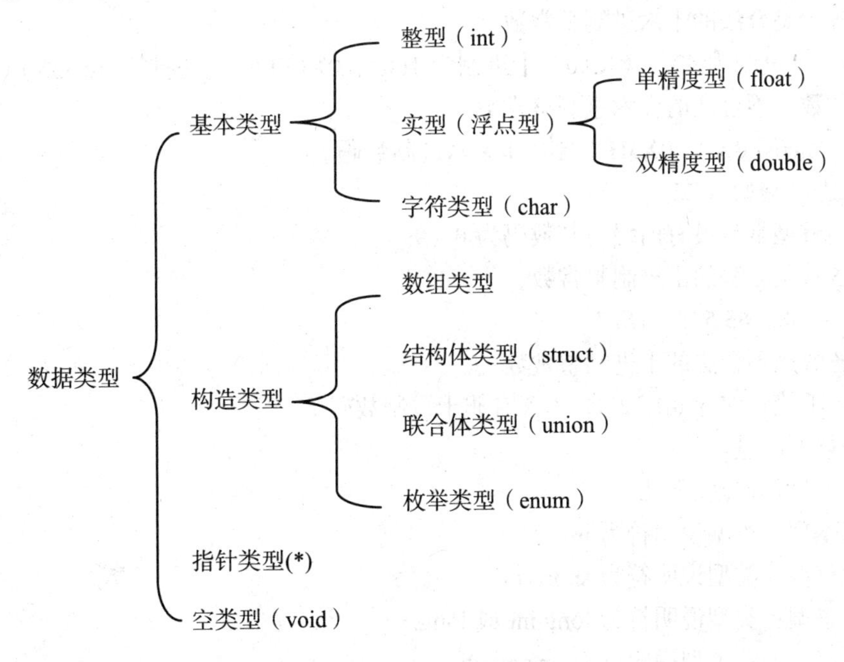

图 2-1 C 语言的数据类型

所谓数据类型是按被定义变量的性质、表示形式、占据存储空间的多少、构造特点来划分的。对于不同的数据类型，编译系统会分配大小不同的内存单元，以存放不同类型的数据，因此每一类型的数据必然有一定的取值范围。

在 C 语言中，数据类型可以分为基本数据类型、构造数据类型、指针类型、空类型 4 大类。本单元介绍 C 语言的基本数据类型。

基本数据类型最主要的特点是，其值不可以再分解为其他类型。在 C 语言中，基本数据类型可以分为整型、字符型、实型。

1. 基本数据类型——整型数据

整型数据包括整型常量、整型变量。整型常量就是整型常数。在 C 语言中，使用的整型常数有八进制、十六进制和十进制 3 种。

（1）整型常量。

① 八进制整型常数。

八进制整型常数必须以 0 开头，即以 0 作为八进制数的前缀。数码取值为 0 ~ 7。八进制数通常是无符号数。

以下各数是合法的八进制数。

015（十进制为 13）、0101（十进制为 65）、0 177 777（十进制为 65 535）

以下各数是不合法的八进制数。

256（无前缀 0）、03A2（包含了非八进制数码）、–0127（出现了负号）

② 十六进制整型常数。

十六进制整型常数的前缀为 0X 或 0x。其数码取值为 0 ~ 9，A ~ F 或 a ~ f。

以下各数是合法的十六进制整常数。

0X2A（十进制为 42）、0XA0（十进制为 160）、0XFFFF（十进制为 65535）

以下各数是不合法的十六进制整常数。

5A （无前缀 0X）、0X3H（含有非十六进制数码）

③ 十进制整型常数。

十进制整型常数没有前缀。其数码为 0 ~ 9。

以下各数是合法的十进制整常数。

237、–568、65 535、1627

以下各数是不合法的十进制整常数。

023 （不能有前导 0）、23D （含有非十进制数码）

（2） 整型变量。

整型变量可分为以下几类。

① 基本型：类型说明符为 int。

② 短整型：类型说明符为 short int。

③ 长整型：类型说明符为 long int 或 long。

④ 无符号型：类型说明符为 unsigned。

无符号型又可与上述 3 种类型匹配而构成以下 3 种类型。

无符号基本型：类型说明符为 unsigned int 或 unsigned。

无符号短整型：类型说明符为 unsigned short。

无符号长整型：类型说明符为 unsigned long。

各种无符号类型由于省去了符号位，不能表示负数。表 2-1 列出了 VC++ 6.0 环境下各类整型数据所分配的内存字节数及数的表示范围。

表 2-1　整型数据表示范围及占用字节数

类型说明符	数的范围	字节
int	–2 147 483 648 ~ 2 147 483 647（ $-2^{31} \sim 2^{31}-1$ ）	4
unsigned （int）	0 ~ 4 294 967 295（ $0 \sim 2^{32}-1$ ）	4
short （int）	–32 768 ~ 32 767（ $-2^{15} \sim 2^{15}-1$ ）	2
unsigned short（int）	0 ~ 65 535（ $2^{16}-1$ ）	2
long （int）	–2 147 483 648 ~ 2 147 483 647（ $-2^{31} \sim 2^{31}-1$ ）	4
unsigned long（int）	0 ~ 4 294 967 295（ $0 \sim 2^{32}-1$ ）	4

声明整型变量的例子如下。

```
int a,b,c;//a、b、c 为整型变量
long x,y;//x、y 为长整型变量
unsigned p,q;//p、q 为无符号整型变量
```

给整型变量赋值，可以采用如下两种方式。

```
int a;a=10;//先声明，后赋值。
int a=10;//声明同时赋值。
```

2. 基本数据类型——实型数据

（1）实型常数。

又称为浮点型数据，按其能够表示的精度和范围，又分为单精度实型（float）、双精度实型（double），各种类型的实型变量在内存中所占字节数和数的取值范围如表 2-2 所示。单精度型数值的有效数字为 6 ~ 7 位，双精度型数值的有效数字为 15 ~ 16 位。

① 十进制小数由数字和小数点组成。小数点前表示整数部分，小数点后面表示小数部分。如：0.234、123.23、.345 都是合法的表示形式。

② 指数形式又称科学表示法。这种表示形式包含数值部分和指数部分。数值部分表示方法同十进制小数形式，指数部分是一个可以是正数或负数的整型数据，这两部分用 e 或 E 连接起来。如：1e12、10e–2、1.23E+2 等都是合法的指数表示法。用指数形式表示很大或很小的数据比较方便。

（2）实型变量。

C 语言提供的实型变量有单精度型、双精度型。各种类型的实数的表示范围和占用字节数见表 2-2。

表 2-2　实型数据表示范围及分配字节数

类型说明符	数的范围	有效数字	分配字节数
float	-3.4×10^{-37} ~ 3.4×10^{38}	6 ~ 7	4
double	-1.7×10^{-307} ~ 1.7×10^{-308}	15 ~ 16	8

实型数据的表示方法有两种形式：十进制小数形式和指数形式。

十进制小数形式：由数字 0 ~ 9 和小数点组成。

例如：0.0、21.0、0.12、100.0、–12.1 等均为合法实数。

指数形式：由十进制数，加阶码标志“e”或“E”以及阶码（只能是整数，可以带符号）组成。一般形式为 aEn，其值为 $a\times10^{n}$。

例如：3.1e5（3.1×10^{5}）、2.5E –2（2.5×10^{-2}）

注意：e 大小写皆可，e 前面的数字不能省，就是 1 也不能省，后面的数字一定要是整数。

实型变量定义的格式和书写规则与整型相同。

例如：

```
float a,b,c; //a、b、c为单精度实型变量
double x,y; //x、y为双精度变量
```

实型变量赋值，例如：

```
float a;a=2.5;
```

或

```
float a=2.5;
```

● 任务实施

已知半径，求圆的面积，程序代码如下。

```
/****求圆的面积****/
#define  PI 3.14 //声明常量
main()
{
    int r;//圆半径r
    float s;//圆面积s
    r=2;
    s=PI*r*r;
    printf("s=%.2f",s);
}
```

运行结果如图 2-2 所示。

```
"C:\Documents and Settings\Administra
s=12.56
Press any key to continue
```

图 2-2　任务 1 运行结果图

- **特别提示**

（1）允许在一个类型说明符后，说明多个相同类型的变量。各变量名之间用逗号间隔。类型说明符与变量名之间至少用一个空格间隔。

（2）变量说明必须放在变量使用之前。一般放在函数体的开头部分。

（3）运算符。C 语言中含有相当丰富的运算符。运算符与变量、函数一起组成表达式，表示各种运算功能。运算符由一个或多个字符组成。

（4）分隔符。在 C 语言中采用的分隔符有逗号和空格两种。逗号主要用在类型说明和函数参数表中，分隔各个变量。空格多用于语句各单词之间，作间隔符。在关键字和标识符之间必须要有一个以上的空格符作间隔，否则将会出现语法错误，例如把 int a;写成 inta;，则 C 编译器会把 inta 当成一个标识符处理，其结果必然出错。

（5）注释符。C 语言的注释符是以"/*"开头并以"*/"结尾的字符串。在"/*"和"*/"之间的即为注释。程序编译时，不对注释作任何处理。注释可出现在程序中的任何位置。注释用来向用户提示或解释程序的意义。在调试程序中对暂不使用的语句也可用注释符括起来，使翻译跳过不做处理，待调试结束后再去掉注释符。

任务 2　编制密码——字符型数据

- **工作任务**

编制一个密码器，实现给友军发送加密电报，报文是由小写字母 a~n 组成，在发报时每输入一个字母，输出与其相邻的下一个字母。

- **思路指导**

输入：输入小写字母 a~n 存储到变量 word 中。

输出：加密后的字母存储到变量 password 中，输出 password。

处理：输入字符型数据，输出加 1 后的字符型数据。

- **相关知识**

基本数据类型——字符型数据

（1）字符常量。

C 语言中有两种类型的字符常量。

普通字符：用单引号括起来的单个字符。例如：'%'、'2'、'a'、'A'。

① 'a'和'A'不同。

② 单引号中的空格符也是一个字符常量。

③ 字符常量在内存中占一个字节，存放的是字符的 ASCII 值，如，'a'的值是 97、'A'的值是 65、'2'的值是 50。

转义字符：以“\”开头的具有特殊含义的字符，常用的转义字符见表 2-3。

表 2-3　转义字符

转义字符	说明
\n	回车换行
\t	横向跳到下一个制表位置
\b	退格
\r	回车
\\	反斜杠字符“\”
\'	单引号符
\"	双引号符
\ddd	1~3 位八进制所代表的字符
\xhh	1~2 位十六进制数据所代表的字符

（2）字符串常量。

用双引号括起来的零个、一个或多个字符序列，如，"Beijing"、"I' m a student"、"%d%d" 等都是合法的字符串常量。

字符串常量在内存中存储时，依次存放的是串中每个字符和字符串结束标志\0，所以字符串在内存中占串字符数+1 的存储空间，如，"Beijing"在内存中占 7+1 个字节。在书写字符串时不必加\0，因为\0 字符是系统自动加上的。

（3）字符变量。

用来存放字符常量，即只能存放单个字符，在内存中占 1 个字节的存储空间。其定义方式如下：

```
char c1,c2;
```

也可以在定义时赋值：

```
char c1='a',c2='b';
```

注意：C 语言中没有字符串变量，不能将一个字符串常量赋给一个字符型变量，如：char c1="Beijing";是错误的。要想存放一个字符串，必须使用数组。

一个字符常量存放到字符型变量中，实际上存放的是该字符的二进制形式的 ASCII 值：'A'为 65，'B'为 66，'a'为 97，'b'为 98。正是因为字符数据的这种特殊存储形式，使得字符数据和整型数据之间可以进行运算。在输出时，一个字符型数据既可以以字符形式输出，又可以以整数形式输出。

例 2.2　字符型变量的输出

```
main()
{
char c1,c2;
c1='a';c2='b';
```

```
printf("%c,%c\n",c1,c2);
printf("%d,%d",c1,c2);
}
```

运行结果：

```
a,b
97,98
```

例2.3　大小写字母转换

```
main()
{
char c1,c2;
c1='a';c2='b';
c1=c1-32;c2=c2-32
printf("%c%c",c1,c2);
}
```

运行结果：

```
AB
```

从ASCII表中可以看到，每个小写字母比大写字母的ASCII码值大32，即'a'='A'+32。

● 任务实施

编制密码程序代码如下：

```
/***编制密码程序***/
#include <stdio.h>
void main()
{
    char word,password;
    printf("请输入a~n的一个字母：");
    scanf("%c",&word);   //输入字符
    password=word+1;
    printf("加密后的字母为%c\n",password);
}
```

运行结果如图2-3所示。

```
"C:\Documents and Settings\Administrator\
请输入a~n的一个字母：g
加密后的字母为h
Press any key to continue_
```

图2-3　任务2运行结果图

● 特别提示

（1）字符型数据除转义字符外，其值是由单引号引起来的一个字符。

（2）字符'3'和数字3是不同的。ASCII表规定'3'的值是51。

任务 3 分离数字问题——运算符与表达式

● 工作任务

编写一个程序，从键盘输入一个三位整数，将其逆序输出。例如：输入 123，输出 321。

● 思路指导

已知：一个三位整数存储到变量 n 中。

输出：将 n 逆序输出。

处理：将这个三位数分解，分别求出百位（n/100），十位（n/10%10），个位（n%10），然后逆序输出。

● 相关知识

（一）运算符与表达式

运算符：运算符是表示各种运算的符号。

表达式：使用运算符将常量、变量、函数连接起来，构成表达式。

C 语言运算符内容丰富，范围广泛，C 把除了控制语句和输入/输出以外几乎所有的基本操作都作为运算符处理，所以 C 语言运算符可以看作是操作符。C 语言丰富的运算符构成了 C 语言丰富的表达式。

在 C 语言中除了提供一般高级语言的算术、关系、逻辑运算符外，还提供赋值运算符，位操作运算符、自增自减运算符等等。甚至数组下标，函数调用都作为运算符。

本单元主要介绍算术运算符（包括自增自减运算符）、赋值运算符、逗号运算符，其他运算符将在以后相关章节中结合有关内容陆续进行介绍。

1. 算术运算符和算术表达式

（1）算术运算符。

```
+（加法运算符，如 3+5）
-（减法运算符，如 5-2）
*（乘法运算符，如 3*5）
/（除法运算符，如 5/3，5.0/3）
%（模运算符或求余运算符，如 7%4）
```

说明

① 两个整数相除的结果为整数，如 5/3 的值为 1，舍去小数部分。

② 求余也称为求模，要求运算符%两边的两个操作数均为整型，结果为两数相除所得的余数。例如：8%5 的值为 3。

（2）算术表达式。

用算术运算符和括号将运算对象（也称操作数）连接起来的、符合 C 语法规则的式子称为算术表达式。运算对象可以是常量、变量、函数等。

例如，下面是一个合法的 C 算术表达式：

```
a*b/c-1.5+'a'
```

说明

C 语言算术表达式的书写形式与数学表达式的书写形式有一定的区别，如下所示。

① C 语言算术表达式的乘号（*）不能省略。例如：数学式 b2−4ac 对应的 C 表达式应该写成：b*b−4*a*c。

② C 语言表达式中只能出现字符集允许的字符。例如，数学式 πr^2 对应的 C 表达式应该写成：PI*r*r（其中 PI 是已经定义的符号常量）。

③ C 语言算术表达式不允许有分子分母的形式（即所有字符必须写在同一行中）。例如，(a+b)/(c+d)。

（3）算术运算符的优先级与结合性。

① C 语言规定了运算符的“优先级”和“结合性”。在表达式求值时，先按运算符的“优先级别”从高到低依次执行。

如：表达式 a−b*c 等价于 a− (b*c)，因为“*”“/”运算符的优先级高于“+”“−”运算符。

② 如果在一个运算对象两侧的运算符的优先级别相同，则按规定的“结合方向”处理。

【思考】 a−b+c，到底是(a−b)+c 还是 a− (b+c)?（b 先与 a 参与运算还是先与 c 参与运算?）

查附录可知：+、−运算优先级别相同，结合性为“自左向右”，也就是说 b 先与左边的 a 结合。所以 a−b+c 等价于(a−b)+c。

左结合性（自左向右结合方向）：运算对象先与左面的运算符结合。

右结合性（自右向左结合方向）：运算对象先与右面的运算符结合。

③ 在书写多个运算符的表达式时，应当注意各个运算符的优先级，确保表达式中的运算符能以正确的顺序参与运算。对于复杂表达式，为了清晰起见，可以加圆括号“( )”强制规定计算顺序（不要用{}和[]）。可以使用多层圆括号，此时左右括号必须配对，运算时从内层括号开始，由内向外依次计算表达式的值。

2. 赋值运算符和赋值表达式

（1）赋值运算符、赋值表达式。

赋值运算符：“=”是赋值运算符。

赋值表达式：由赋值运算符组成的表达式称为赋值表达式。一般形式为

〈变量〉〈赋值符〉〈表达式〉

赋值表达式的求解过程为：将赋值运算符右侧的表达式的值赋给左侧的变量，同时整个赋值表达式的值就是刚才所赋的值。

赋值的含义为：将赋值运算符右边的表达式的值存放到左边变量名标识的存储单元中。

例如：x=10+y;执行赋值运算（操作），将 10+y 的值赋给变量 x，同时整个表达式的值就是刚才所赋的值。

说明

赋值运算符左边必须是变量，右边可以是常量、变量、函数调用，或常量、变量、函数调用组成的表达式。

例如：x=10、y=x+10、y=func()都是合法的赋值表达式。

赋值符号“=”不同于数学的等号，它没有相等的含义。（“==”代表相等。）

例如：C 语言中 x=x+1 是合法的（数学上不合法），它的含义是取出变量 x 的值加 1，再存放到变量 x 中。

C 语言的赋值符号“=”除了表示一个赋值操作外，还是一个运算符，也就是说赋值运算符完成赋值操作后，整个赋值表达式还会产生一个所赋的值，这个值还可以利用。

赋值表达式的求解过程如下。

先计算赋值运算符右侧的“表达式”的值；

将赋值运算符右侧“表达式”的值赋值给左侧的变量；

整个赋值表达式的值就是被赋值变量的值。

例如：分析 x=y=z=3+5 这个表达式。根据优先级：原式 ⇔x=y=z=(3+5)；根据结合性（从右向左）：⇔x=(y=(z=(3+5)))⇔x=(y=(z=3+5))。

z=3+5：先计算 3+5，得值 8，将 8 赋值给变量 z，z 的值为 8，(z=3+5)整个赋值表达式值为 8；

y=(z=3+5)：将上面(z=3+5)整个赋值表达式的值 8 赋值给变量 y，y 的值为 8，(y=(z=3+5))整个赋值表达式值为 8；

x=(y=(z=3+5))：将上面(y=(z=3+5))整个赋值表达式的值 8 赋值给变量 z，z 的值为 8，整个表达式 x=(y=(z=3+5))的值为 8。

最后，x，y，z 都等于 8。

本例的运算步骤见表 2-4。

表 2-4 运算步骤

序号	表达式	变量（值）	表达式的值
1	z=3+5	z（8）	8
2	y=(z=3+5)	y（8）	8
3	x=(y=(z=3+5))	x（8）	8

将赋值表达式作为表达式的一种，使赋值操作不仅可以出现在赋值语句中，而且可以以表达式的形式出现在其他语句中。

（2）复合赋值运算符。

在赋值符“=”之前加上某些运算符，可以构成复合赋值运算符，复合赋值运算符可以构成赋值表达式。C 语言中许多双目运算符可以与赋值运算符一起构成复合运算符，即：

```
+=, -=, *=, /=, %=, <<=, >>=, &=, |=, ^=
```

复合赋值表达式的一般形式为

```
<变量><双目运算符>=<表达式>
```

复合赋值表达式的一般形式等价于：

```
<变量>=<变量><双目运算符><表达式>
```

例如：

```
n+=1    等价于  n=n+1
x*=y+1  等价于 x=x* (y+1)
```

注意：赋值运算符、复合赋值运算符的优先级比算术运算符低。

赋值运算符、赋值表达式举例：

```
a=5
a=b=5
a=(b=4)+(c=3)
```

例 2.4　假如 a=12，分析：a+=a−=a*a。

```
a+=a-=a*a⇔a+=a-=(a*a)⇔a+=(a-=(a*a))⇔a+=(a=a-(a*a))⇔a+=(a=a-a*a)⇔a=a+
(a=a-a*a)
```

（3）自增、自减运算符及表达式。

自增、自减运算符使变量的值增 1 或减 1，形如：

```
++i i++        --i i--
```

其中，++i，--i（前置运算）：先自增、自减，再参与运算；i++，i--（后置运算）：先参与运算，再自增、自减。

例如：i=3，分析 j=++i; j=i++;

j=++i；i 先自增，再赋值给 j，i 的值是 4，j 的值是 4；

j=i++；i 先赋值给 j，再自增，j 的值是 3，i 的值是 4。

自增、自减运算符只用于变量，而不能用于常量或表达式。

例如：6++，(a+b)++，(−i)++都不合法。

++，--的结合方向是“自右向左”（与一般算术运算符不同）。

例如：−i++⇔− (i++)，合法。

自增、自减运算符常用于循环语句中，使循环变量自动加 1，也用于指针变量，使指针指向下一个地址。

说明

不管前缀++还是后缀++，对于变量的作用都是加 1 操作；但对于表达式来讲，++在前的表达式用的是变量加 1 以后的新值，++在后的表达式用的是变量原来的值。--运算符与++相同。

（4）有关表达式使用过程中的问题说明。

C 运算符和表达式使用灵活，但是 ANSI C 并没有具体规定表达式中的子表达式的求值顺序，允许各编译系统自己安排。这可能导致有些表达式对不同编译系统有不同的解释，并导致最终结果的不一致。

例如：i=3,表达式(i++)+(i++)+(i++)的值在 VC++ 6.0 中等价 3+4+5，在 Turbo C 中则等价 3+3+3。

C 语言有的运算符为一个字符，有的由两个字符组成，C 编译系统在处理时尽可能多地将若干字符组成一个运算符（在处理标识符、关键字时也按同一原则处理），如 i+++j 将解释为(i++)+j 而不是 i+(++j)。为避免误解，最好采用大家都能理解的写法，比如通过增加括号明确组合关系，改善可读性。

C 语言中类似的问题还有函数调用时实参的求值顺序，C 标准也无统一规定。

例如：i=3,printf("%d,%d",i,i++);

有些系统执行的结果为 3,3；有些系统为 4,3。

总之，不要写别人看不懂（难看懂）、也不知道系统会怎样执行的程序。

3. 逗号运算符和逗号表达式

C 语言提供了一种特殊的运算符——逗号运算符（顺序求值运算符）。用它将两个或多个表达式连接起来，表示顺序求值（顺序处理）。用逗号连接起来的表达式称为逗号表达式。

例如：3+5,6+8

逗号表达式的一般形式为

```
表达式 1,表达式 2,…表达式 n
```

逗号表达式的求解过程是：自左向右，求解表达式 1，求解表达式 2……求解表达式 n。整个逗号表达式的值是表达式 n 的值。

例如：逗号表达式 3+5,6+8 的值为 14。

例 2.5 分析 a=3*5,a*4 的值

查运算符优先级表可知，“=”运算符优先级高于“,”运算符（事实上，逗号运算符级别最低）。所以上面的表达式等价于：

```
(a=3*5),(a*4)
```

所以整个表达式计算后值为 60（其中 a=15）。

例 2.6 分析下列程序

```
main()
{
  int x,a;
  x=(a=3,6*3);  /* a=3 x=18 */
  printf("%d,%d\n",a,x);
  x=a=3,6*a;    /* a=3 x=3 */
  printf("%d,%d\n",a,x);
}
```

运行结果为

```
3,18
3,3
```

逗号表达式主要用于将若干表达式“串联”起来，表示一个顺序的操作（计算）。在许多情况下，使用逗号表达式的目的只是想分别得到各个表达式的值，而并非一定需要得到和使用整个逗号表达式的值。

● 任务实施

三位整数逆序输出，程序清单如下：

```
/********三位数逆序输出********/
#include <stdio.h>
void main()
{
    int n,a1,a2,a3;
    printf("请输入三位整数：");
    scanf("%d",&n);
    a1=n/100;     //求百位
    a2=n/10%10;  //求十位
    a3=n%10;     //求个位
    printf("%d%d%d\n",a3,a2,a1);  //逆序输出
}
```

运行结果如图2-4所示。

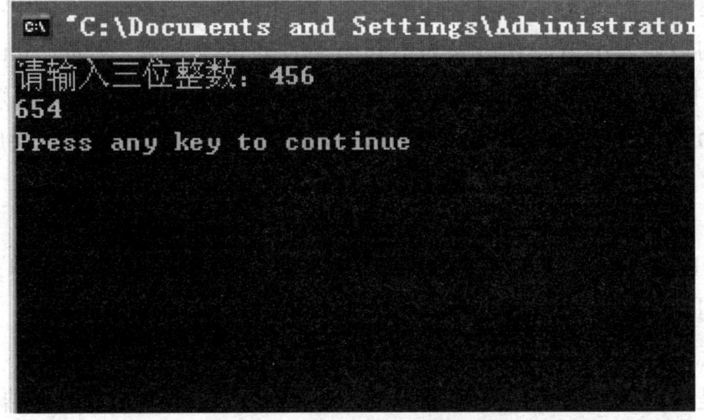

图2-4 任务3运行结果图

● 特别提示

（1）分离数字是C语言的基础算法之一，请读者认真理解并学会。

（2）"%"符号是求余运算符，%符号两边要求是整数。

拓展与提高

1. 数据类型转换

在C语言中，整型、单精度型、双精度型、字符型数据可以共存于一个表达式中，并按一定的规则进行计算。例如：1.5*2+10-'3'/1.2。

C语言对参与运算的数据作某种转换，把它们转换成同一类型的数据，然后再进行计算，C语言的数据类型转换分为自动转换和强制转换。

（1）自动转换。

C 语言自动类型转换的原则是：把短类型转换为长类型，如图 2-5 所示。

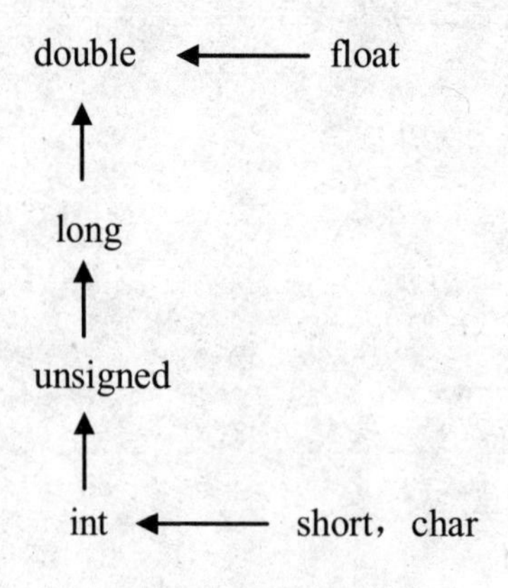

图 2-5 数据类型转换

在图 2-5 中，水平方向的转换是自然进行的，即 char 型和 short 参与运算时，编译系统先将它们转换成 int 型，而 float 型先转换成 double 型。需要指出的是，两个均为 float 型的数据之间的运算，也要先转换成 double 型，以便提高运算精度。

垂直方向的转换表示当运算对象为不同类型时的转换方向。例如，int 型数据和 double 型数据运算，先将 int 型转换成 double 型，然后两个同类型的数据进行运算，结果为 double 型。不要以为 int 型先转换成 unsigned 型，再转换成 long 型，然后再转换成 double 型。如对于表达式：

```
3.141 592 65*2*1.5-2 269 978
```

其中，3.141 592 65 为双精度浮点型，2 为整型，1.5 为单精度浮点型，2 269 978 为长整型，根据规则，均转换为双精度浮点型再做运算。

（2）强制转换。

强制转换是通过类型转换运算来实现的。其功能是把表达式的运算结果强制转换成类型说明符所表示的类型，其一般形式为

```
(类型说明符) (表达式)
```

功能是把表达式结果的类型转换为圆括号中的数据类型。注意，类型名必须用括号()括起来。表达式一般用括号()括起来，但单个变量可以不用括号括起来。

如：

```
(double)i
(int)5.5%2
(float)(5%3)
```

注意： 数据前面的圆括号称为强制类型转换符，优先级高于算术运算符。强制类型表达式的类型是（类型名）所代表的类型，原来变量本身的类型不变，如例 2.7 所示。

例 2.7 数据类型强制转换

```
#include <stdio.h>
```

```
void main()
{
    int x;
    float y=10.5;
    x=(int)y%4;
    printf("x=%d,y=%.2f",x,y);
}
```

运行结果如下：

```
x=2,y=10.50
```

2. 累加和累乘

所谓累加，就是将一系列的数字分别相加，最后得到一个结果。如计算 1+2+3+4+5。程序代码如例 2.8 所示。

例 2.8　累加程序

```
#include <stdio.h>
void main()
{
    int x=0;
    x=x+1;
    x=x+2;
    x=x+3;
    x=x+4;
    x=x+5;
    printf("1+2+3+4+5=%d\n",x);
}
```

代码 x=0;是给 x 赋初值，重点关注：

```
x=x+1;
```

这行代码使用了非常经典的累加算法，即把“=”右边的表达式值赋给左边的变量。

注意：累加算法 x 的初值为 0，累乘算法 x 的初值为 1。

累乘和累加相似，如计算 1*2*3*4*5，程序代码如例 2.9 所示。

例 2.9　累乘程序

```
#include <stdio.h>
void main()
{
    int x=1;
    x=x*1;
    x=x*2;
    x=x*3;
```

```
    x=x*4;
    x=x*5;
    printf("1*2*3*4*5=%d\n",x);
}
```

3. 交换两个变量的值

假设有两个变量，x=10，y=8，现在要求使得 x=8，y=10，该如何交换两个变量的值呢？这是非常经典的交互算法。这里需要使用第 3 个变量来临时保存数值，如图 2-6 所示，引入第 3 个变量 z。程序代码如例 2.10 所示。

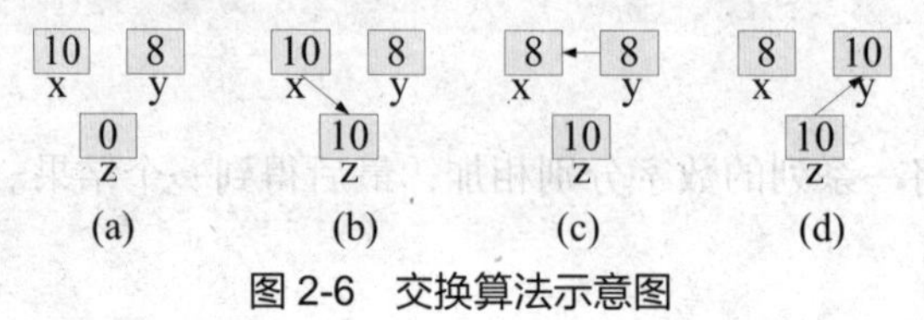

图 2-6　交换算法示意图

例 2.10　交换两个变量的值

```
#include <stdio.h>
void main()
{
        int x,y,z;
        x=10,y=8;
        printf("交换前 x=%d,y=%d\n",x,y);
        z=x;    //借助第三变量交换两个变量的值
        x=y;
        y=z;
        printf("交换后 x=%d,y=%d\n",x,y);
}
```

运行结果为

```
交换前 x=10，y=8
交换后 x=8,y=10
```

单元小结

本单元重点介绍了变量与常量的应用，基本数据类型及其表示方法，算术运算符、赋值运算符及表达式，数据类型转换等知识点，另外通过例题展示了一些仅仅使用变量的经典算法，这些算法是学习更复杂算法的基础。通过本单元的学习，读者能够了解 C 语言程序的基础知识，为后续学习做好准备。

思考与训练

1. 讨论题

（1）C语言为什么规定对所有用到的变量都要“先定义，后使用”？

（2）定义变量时一定要赋初值吗？不赋初值的变量一定不能用吗？

（3）不同类型数据之间在进行运算时，结果类型应该如何确定？

2. 选择题

（1）以下正确的C语言标识符是（　　）。

A．%X　　B．a+b　　C．a123　　D．test!

（2）已定义 int a,b;则以下不正确的C语句是（　　）。

A．a*=5;　　B．b/=2;　　C．a+=1.75;　　D．b&&=a;

（3）若x、i、j和k都是整型变量，则执行下面的表达式后x的值为（　　）。

x=(i=4,j=16,k=32)

A．4　　B．16　　C．32　　D．52

（4）C语言中的标识符只能由字母、数字和下画线3种字符组成，且第一个字符（　　）。

A．必须是字母　　B．必须为下画线

C．必须为字母或下画线　　D．可以是字母、数字、下画线中的任一字符

（5）下面正确的字符常量是（　　）。

A．"c"　　B．'\\"　　C．'w'　　D．"

（6）设 int a=2,b=0,c=0;，则执行语句 c+=b&&a--后，a的结果为（　　），c的结果为（　　）。

A．0，1　　B．1，0　　C．2，0　　D．1，1

（7）设x、y均为float型变量，则以下赋值语句不合法的是（　　）。

A．++x;　　B．y=(x%2)/10;

C．x*=y+8;　　D．x=y=0;

（8）下列不正确的转义字符是（　　）。

A．'\\'　　B．'\''　　C．'\19'　　D．'\0'

（9）下列不是C语言常量的是（　　）。

A．e–2　　B．074　　C．"a"　　D．'\0'

（10）设int类型的数据长度为2个字节，则unsigned int类型数据的取值范围是（　　）。

A．0~255　　B．0~65 535

C．–32 768~32 767　　D．–256~255

（11）若定义了 int x; 则将x强制转化成双精度类型应该写成（　　）。

A．（double）x　　　　B．x（double）

C．double（x）　　　　D．（x）double

（12）在 C 语言中，要求参加运算的数必须是整数的运算符是（　　）。

A．/　　B．*　　C．%　　D．=

（13）为了计算 s=10!（即 10 的阶乘），则 s 变量应定义为（　　）。

A．int　　B．unsigned　　C．long　　D．以上 3 种类型均可

3．填空题

（1）字符常量使用一对______界定单个字符，而字符串常量使用一对______来界定若干个字符的序列。

（2） 在 C 语言中，不同运算符之间运算次序存在______的区别，同一运算符之间运算次序存在______的规则。

（3）字符串"hello "的长度是______。

（4）已知有如下定义，写出下列表达式的值。

```
int a=17,b=5;
```

① a/b ______　② a%b ______　③ a&&b _____

④ a&b ______　⑤ !a ______　⑥a||b _____　⑦ a|b ______

（5）下列程序的运行结果是______。

```
main()
{
int x=5;
int y=10;
printf('' %d\n '',x++);
printf('' %d\n '', ++y);
}
```

4．编程题

编写程序：假定银行定期存款的年利率为 2.25%，并已知存款期为 n 年，存款本金为 x 元，试编程计算 n 年后可得到本利之和是多少。

第3单元 顺序结构程序设计

问题引入

在日常生活中，需要“按部就班、依次执行”处理和操作的问题随处可见，每年一度的迎新大会、年终总结大会等都是这样一种顺序结构。

顺序结构是C程序中最简单、最基本、最常用的一种程序结构，也是进行复杂程序设计的基础。因此熟练掌握顺序结构进行程序设计是我们必须具备的能力。在顺序结构中，程序的流程是固定的，不能跳转，只能按照书写的先后顺序逐条逐句地执行。赋值操作和输入输出操作是顺序结构中最典型的操作。

本单元用3个典型任务讲解和分析了在C语言程序中顺序结构程序设计的方法。

知识目标

1. 了解程序的基本概念
2. 掌握程序的基本结构
3. 了解语句的分类
4. 熟悉输入输出函数

技能目标

1. 能够使用C语言中的语句
2. 能够运用输入输出函数和赋值语句进行顺序结构程序设计

任务1 菜单设计——算法与程序基本结构

● 工作任务

小明和小康到饭馆就餐，刚刚落座，服务员拿出一本菜单，让两人点餐。小明和小康想到自己正在学习C语言，心想能否用C语言中的printf语句来制作菜单呢？

● 思路指导

对于菜单的设计，需要考虑的最主要的问题就是组织菜单显示在屏幕上的位置，应该思考如何使菜单的界面整齐，看起来自然美观，使用方便。

● 相关知识

人和计算机打交道，必须解决一个语言沟通的问题，因为计算机不能理解和执行人们所使用的自然语言，而只能接受和执行二进制的指令，这些指令的有序集合就称做“程序”。换言之，一个程序是完成某一特定任务的一组指令序列，或者说，是实现某一算法的指令集合。

（一）如何描述算法

初学者常常会有这样的感觉：读别人编写的程序比较容易，自己编写程序解决问题时就难了，虽然学习了程序设计语言，可还是不知从何下手。这其中最主要的原因就是没有掌握程序设计的灵魂——算法。所以，我们一定要重视算法的设计，多了解、掌握和积累一些计算机常用的算法，养成编写程序前先设计好算法的习惯。

1. 算法的概念

计算机尽管可以完成许多极其复杂的工作，但实质上这些工作都是按照人们事先编写好的程序的规定进行的，所以人们常把程序称为计算机的灵魂。著名的计算机科学家 Niklaus Wirth 在他的惊世之作中提出了一个著名的公式：

程序=算法+数据结构

这个公式说明：对于面向过程的程序，设计语言而言，程序由算法和数据结构两大要素构成。其中，数据结构是指数据的组织和表示形式，C 语言的数据结构是以数据类型形式描述的；而算法就是进行操作的方法和操作步骤。这里我们重点讨论算法。

所谓算法，就是一个有穷规则的集合，其中的规则确定了一个解决某个特定类型问题的运算序列。简单地说，就是解决一个具体问题而采取的确定的、有限的操作步骤。这里所说的算法仅指计算机算法，即计算机能够执行的算法。

算法有两大要素，操作和控制结构。每一个算法都是由一系列的操作组成的，同一操作序列，按不同的顺序执行，就会得出不同的结果，执行的效率也会有所不同。控制结构即如何控制组成算法的各操作的执行顺序。结构化程序设计方法要求一个程序只能由 3 种基本结构组成。这 3 种基本结构分别是：顺序结构、选择结构和循环结构。

编写程序的关键就是合理地组织数据和设计算法，解决一个问题会有多种算法。因此，要想开发出高质量的程序，除了要熟练掌握程序设计语言这种工具和必要的程序设计方法外，更重要的是要多了解、多积累并逐渐学会自己设计一些好的算法。设计好一个算法后，怎样衡量它的正确性呢？可以用以下特征来衡量。

（1）有穷性。算法包含的操作步骤是有限的，每一个步骤都应在有限的时间内完成。

（2）确定性。算法的每个步骤都应该是确定的，不允许有歧义。

（3）有效性。算法中的每个步骤都应是能有效执行的，且能得到确定的结果。例如：对一个负数取对数，就是一个无效的步骤。

（4）有零个或多个输入。有限算法无须从外界输入数据，而有些算法需要输入数据。

（5）有一个或多个输出。算法的实现是以得到计算结果为目的的，没有任何输出的算法没有任何意义。

2. 如何描述算法

在了解了算法的概念后，下一个问题自然就是如何表示算法了，进行算法设计时，可以使用不同的算法描述工具，常用的有流程图、N–S 图、自然语言、伪代码描述等。

（1）流程图描述。

流程图是一种流传很广的描述算法的方法。这种方法的特点是用一些图框表示各种类型的操作，用带箭头的线表示这些操作的执行顺序。常用的流程图符号如图 3-1 所示。

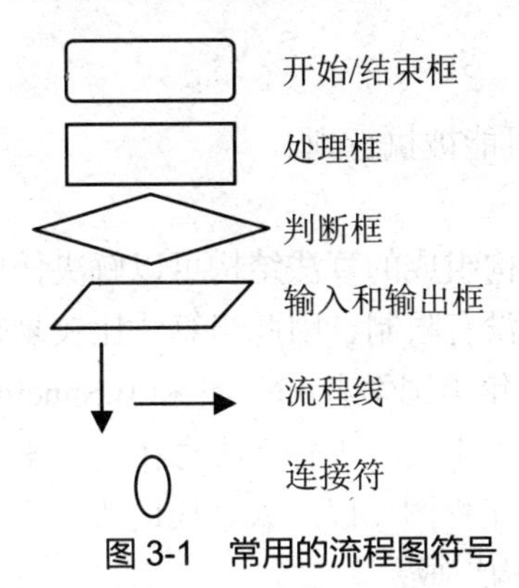

图 3-1　常用的流程图符号

两数中取大数的流程图如图 3-2 所示。

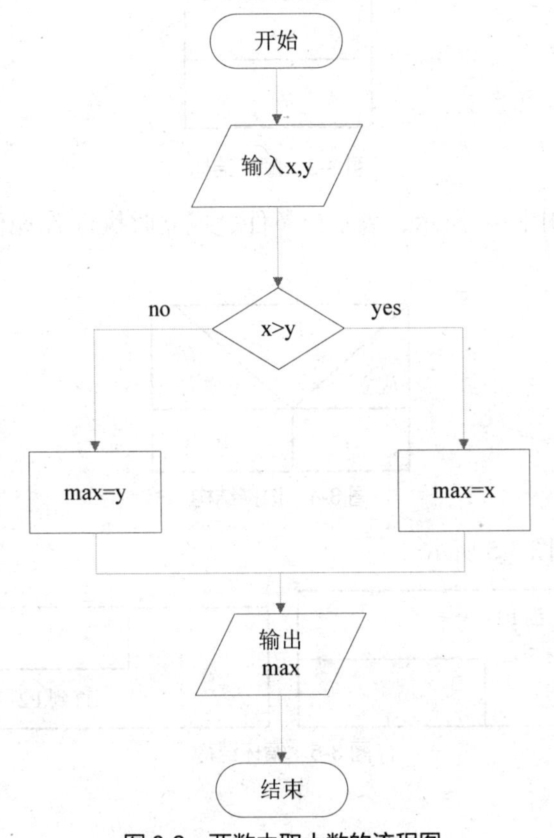

图 3-2　两数中取大数的流程图

从图 3-2 中可以看出，用流程图描述算法的优点是形象直观，各种操作一目了然，不会产生歧义性，便于理解，算法出错时容易发现，并可直观转化为程序；但缺点是所占篇幅较大，由于使用流程图过于灵活，不受约束，用户可以使用流程图任意转向，从而造成程序阅读和修改上的困难，不利于结构化程序的设计。

（2）N-S 图（框图）描述

1966 年 Bobra 和 Jacopini 提出了 3 种基本结构，即顺序结构、选择结构、循环结构。这 3 种结构有以下几个特点。

① 只有一个入口。

② 只有一个出口。

③ 结构内的每个部分都有可能被执行到。

④ 结构内没有死循环。

已经证明，由这 3 种基本结构组成的算法结构可以解决任何复杂的问题。由于传统流程图画法太随意，对流线的指向没有限制，因此当算法比较复杂的时候这种流程图就会变得难以阅读和理解。为此，1973 年美国学者 I.Nassi 和 B.Shneiderman 提出了一种新流程图形式。在这种流程图中完全去除了流线，所有算法写在一个矩形框内，在框内还可以包含其他的框。这种流程图叫做 N-S 流程图（以二人姓氏的头一个字母组成）。

N-S 图由上面的 3 种基本结构组成。

① 顺序结构，如图 3-3 所示。

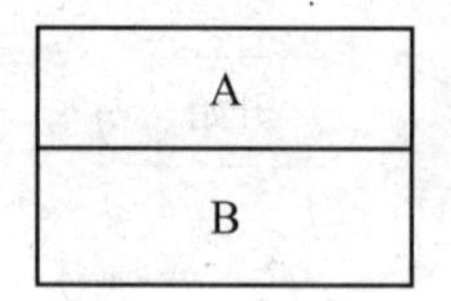

图 3-3　顺序结构

② 选择结构，如图 3-4 所示，表示当条件 P 成立时执行 A 操作，不成立时执行 B 操作。

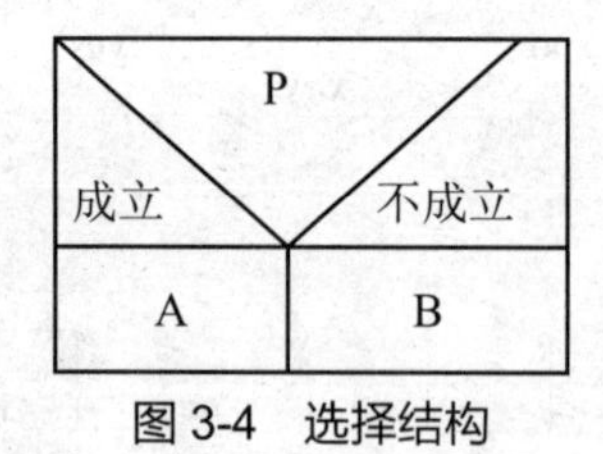

图 3-4　选择结构

③ 循环结构，如图 3-5 所示。

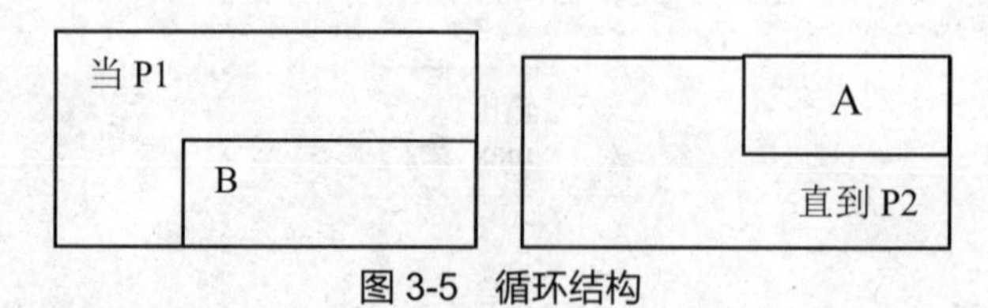

图 3-5　循环结构

（3）伪代码描述。

伪代码是用一种介于自然语言和计算机语言之间的文字和符号来描述算法，它是一种混杂语言。

（二）无格式的输出

1. 语法格式

```
printf("输出字符串");
```

2. 基本功能

对双引号中的输出内容原样输出。

● 任务实施

```
#include <stdio.h>
void main()
{
printf("欢迎光临四川酒家\n    ");
printf("    油焖大虾        48 元/份\n ");
printf("    干煸豆角        20 元/份\n ");
printf("    水煮鱼          38 元/份\n ");
printf("    麻婆豆腐        15 元/份\n ");
}
```

运行结果如图 3-6 所示。

图 3-6 任务 1 运行结果图

拓展与提高

（一）你了解程序设计语言吗？

从计算机诞生到今天，伴随着计算机技术的飞速发展，程序设计语言也在不断的升级换代，主要经历了面向机器（机器语言和汇编语言）、面向过程（高级语言）和面向对象（高级语言）几个阶段。程序设计语言又可以分为低级语言和高级语言。

低级语言又叫面向机器的语言，它是特定的计算机系统所固有的语言，它又可以分为机器语言和汇编语言。

机器语言就是计算机能够直接识别和执行的指令集合。由于计算机只能识别“0”和“1”两种状态，所以机器语言指令都是二进制指令。很明显，这种由 0 和 1 组成的指令难学、难记、难阅读、难修改，给用户带来很大的不便，而且机器语言因机而异，所以移植性很差。但其优点是执行速度最快。

汇编语言是一种符号语言，它是用一些助记符号来代替那些冗长的二进制指令。例如，可以用 ADD 表示加法，SUB 表示减法等。显然，这种表示形式要比机器语言容易理解和使用。但是计算机并不能直接识别和执行符号语言程序，必须把它们翻译成机器指令，然后交由计算机执行，这个翻译过程叫做“汇编”，是由一种专门的汇编程序来实现的，因此符号语言又称为汇编语言。虽然用汇编语言编写程序使编程的效率和程序的可读性提高了，然而，汇编语言始终是一种和机器语言非常接近的语言，它的书写格式在很大程度上取决于特定计算机上的机器指令，因此，它仍然是一种低级语言，对于人们的抽象思维和交流十分不便。

为了解决程序员的困难，高级语言就发展起来了。20 世纪 50 年代出现了 FORTRAN 语言，20 世纪 60 年代先后出现了 COBOL、ALGOL60、BASIC 等语言，后来又出现了 PASCAL、C、C++等。这些语言的特点是：用一种接近自然语言和数学语言的专用语言来表示算法，而且与具体的计算机无关，即用它所写的程序可以在任一种计算机上运行。高级语言的出现大大提高了程序设计的效率，使人们能更方便地使用计算机。

然而，今天的计算机仍然只能理解和执行机器语言。高级语言的引入意味着：必须有一个程序来使机器能理解用某一种高级语言编写的程序，担负这个任务的程序称为编译程序。在一个计算机上运行一种高级语言的前提是：该计算机系统配置了该语言的编译程序。以 C 语言为例，要运行 C 语言源程序，就必须安装 C 语言编译程序。而各种基于 C 语言的开发工具，如 TURBO C、BORLAND C、VISUAL C++等，都是内嵌了 C 语言的编译程序。

（二）程序设计方法简介

对于一般的问题，设计一个程序一般要经过以下几个步骤。

1. 建立数学模型

建立数学模型是程序设计中最复杂、最困难的一步，好的数学模型本身就是一个定律，它要通过大量的观察、分析、推理、验证等工作才可以得到。但这是数学范畴的工作，计算机工作人员一般不用去完成这部分的研究工作，但也应该对其基本知识有一定了解。在进行程序设计时往往都是利用已有的基本数学模型去构造出问题的模型。各种数学，如微积分、运筹学、图论、高等数学等都是不同的基本数学模型。

2. 选定算法，并用适当的工具描述

算法是解决问题的方法与步骤。设计算法也是一件非常困难的工作，经常采用的算法

设计技术主要有迭代法、穷举搜索法、递推法等等。另外，解决一个问题往往有多种算法，一个算法的好坏直接影响到一个程序的质量。

3. 编写程序

编写程序就是将选定的算法从非计算机语言的描述形式转换为计算机语言的语句形式。这个过程和特定的高级语言有关，同一个算法可以用不同的高级语言来实现。因此，在编程前首先要选择开发的语言。每种语言都有自己的特点，为一个特定的项目选择语言时通常可以考虑以下因素。

（1）应用领域。

（2）算法和计算的复杂性。

（3）软件运行的环境。

（4）用户需求。

（5）数据结构的复杂性。

（6）开发人员的水平。

选择了语言以后，还要灵活运用高级语言的特性来解决显示问题。在程序设计中要特别注意以下 3 点。

（1）语法：每种语言都有自己的语法规则，这些规则是非常严格的。在进行编译时系统会按语法规则严格检查程序，如有不符合语法规则的地方，计算机会显示语法有错误信息。

（2）语义：即某一语法成分的含义。例如，C 语言中用“int”定义整型变量，用“char”定义字符型变量等。在使用时必须正确了解每一种语法成分的正确含义。

（3）语用：即正确使用语言。要善于利用语法规则中的有关规定和语法成分的含义有效地组成程序以达到特定的目的。

4. 测试与调试

编程完成后，首先应该静态审查程序，即由人工“代替”或“模拟”计算机，对程序进行仔细检查，然后将高级语言源程序输入计算机，经过编译、连接，然后运行。在编译、连接及运行时如果在某一步发现错误，就必须找到错误并改正，然后再重新编译运行，直到得到正确结果为止。

程序测试的目的是尽可能多地发现程序中的错误和缺陷。要进行测试，除了要有测试数据外，还应同时给出该组测试数据应该得到怎样的输出结果。在测试时将实际的输出结果与预期结果比较，若不同则表示发现了错误。对非法的和非预期的输入数据也要像合法的和预期的输入数据一样进行测试。另外，还要检查程序是否做了不应该做的事。

（三）结构化程序设计

一般来说，从实际问题抽象出数学模型是有关领域的专业工作人员的任务。程序设计人员的工作，最关键的一步是设计算法。如果算法正确，将它转换为任何一种高级语言程序并不困难，程序设计人员水平的高低在于他们能否设计出好的算法。程序质量主要由算法决定。早期的程序以追求效率为主要目标，往往不注意程序的可读性，程序设计无章可循，有时为了追求效率方面的微小改进，把程序改得晦涩难懂，增加了程序设计、调试和维护过程中的困难，程序的可靠性差。现代科学技术的发展，要求软件的生产方式从“个体方式”中解放出来，按照“工程”的方法来组织软件的生产，也就是说，按照一定的规范、一定的步骤来进行程序设计，而不允许程序设计人员随便地写程序。

我们通过 3 种基本的控制结构，通过组合和嵌套就能实现任何单入口、出口的程序——这就是结构化程序设计基本原理。这 3 种基本结构是顺序结构、选择结构、循环结构。使用结构化程序设计技术不仅能显著提高软件的生产率，而且可以保证获得结构清晰，易于测试、修改和验证的高质量程序。

要设计出结构化的程序，应该采用以下方法。

（1）自顶向下。

（2）逐步细化。

（3）模块化。

所谓“自顶向下、逐步细化”，是指一种先整体后局部的设计方法，对一个较复杂的问题，一般不能立即写出详细的算法或程序，但可以很容易写出一级算法，即求解问题的轮廓，然后对这个算法逐步求精，把它的某些步骤扩展成更详细的步骤，细化过程中，一方面加入详细算法，另一方面明确数据，直到根据这个算法可以写出程序为止。

（四）了解 C 语言的语句类型

从程序流程的角度来看，程序可以分为 3 种基本结构， 即顺序结构、分支结构、循环结构。这 3 种基本结构可以组成所有的各种复杂程序。C 语言提供了多种语句来实现这些程序结构。本节介绍 C 语言程序设计的基本方法和基本的程序语句，使读者对 C 程序有一个初步的认识，为后面各章的学习打下基础。

1. C 语言中的语句分类

语句是 C 语言源程序的重要组成部分，C 程序的执行部分是由语句组成的。 程序的功能也是由执行语句实现的。C 语句可分为以下 5 类：表达式语句、函数调用语句、控制语句、复合语句、空语句。下面分别作一下简要介绍。

（1）表达式语句。

表达式语句由表达式加上分号“;”组成。其一般形式为

```
表达式;
```

执行表达式语句就是计算表达式的值。事实上，C 语言中有使用价值的表达式语句主要有 3 种：赋值语句、自加自减运算符构成的表达式语句、逗号表达式语句。

例如：

```
x=y+z; /*赋值语句*/
y+z,a+b;  /*逗号运算语句，但计算结果不能保留，无实际意义*/
i++; /*自增 1 语句，i 值增 1*/
i--; /*自减 1 语句，i 值减 1*/
```

（2）函数调用语句。

由函数名、实际参数加上分号“;”组成。其一般形式为：

```
函数名(实际参数表);
```

执行函数语句就是调用函数体并把实际参数赋予函数定义中的形式参数，然后执行被调函数体中的语句，求取函数值（在第7单元应用函数中再详细介绍）。

例如：

```
printf("C Program");   /*调用库函数，输出字符串*/
```

（3）控制语句。

控制语句用于控制程序的流程，以实现程序的各种结构方式。它们由特定的语句定义符组成。C语言有9种控制语句，可分成以下3类：条件判断语句、循环执行语句、转向语句。

（4）复合语句。

把多个语句用括号{}括起来组成的一个语句称为复合语句。在程序中应把复合语句看成是单条语句，而不是多条语句，例如：

```
{
x=y+z;
a=b+c;
printf("%d%d",x,a);
}
```

是一条复合语句。复合语句内的各条语句都必须以分号“;”结尾，在括号“}”外不能加分号。

（5）空语句。

只有分号“;”组成的语句称为空语句。空语句是什么也不执行的语句。在程序中空语句可用来做空循环体。例如：

```
while(getchar()!='\n');
```

本语句的功能是，只要从键盘输入的字符不是回车就重新输入。这里的循环体为空语句。

2. 最简单的C语言语句——赋值语句

赋值语句是由赋值表达式再加上分号构成的表达式语句。其一般形式为

```
变量=表达式;
```

赋值语句的功能和特点都与赋值表达式相同。它是程序中使用最多的语句之一。

● **特别提示**

（1）首先要用合适的描述工具描述处理问题的步骤，而后再编写程序。

（2）编写程序时，不仅要保证程序的正确，而且要保证程序的质量。

（3）注意在变量说明中给变量赋初值和赋值语句的区别。给变量赋初值是变量说明的一部分，赋初值后的变量与其后的其他同类变量之间仍必须用逗号间隔，而赋值语句则必须用分号结尾。

（4）在变量说明中，不允许连续给多个变量赋初值。如下述说明是错误的：

```
int a=b=c=5;
```

必须写为

```
int a=5,b=5,c=5;
```

而赋值语句允许连续赋值。

（5）赋值表达式和赋值语句的区别。赋值表达式是一种表达式，它可以出现在任何允许表达式出现的地方，而赋值语句则不能。如下述语句是合法的：

```
if((x=y+5)>0) z=x; /*语句的功能是，若表达式 x=y+5 大于 0 则 z=x*/
```

下述语句是非法的：

```
if((x=y+5;)>0) z=x; /*因为 x=y+5;是语句，所以不能出现在表达式中*/
```

任务 2 大写字母转换为小写字母——字符输入输出函数

● 工作任务

晓伟和明宽两个小朋友刚刚学习了英文中 26 个英文字母，为了加强练习，晓伟写出大写字母，明宽写出与之对应的小写字母，请编写一个 C 语言程序，模拟上述过程。

● 思路指导

输入：输入的大写字母存储到变量 ch 中。

处理：大写字母和小写字母的 ASCII 码相差 32，如：大写字母 A 的 ASCII 码为 65，而小写字母 a 的 ASCII 码是 97。因此，大写字母加 32 变为小写字母。

输出：ch+32 所对应的字符。

● 相关知识

（一）数据的输入和输出

输入和输出是以计算机主机为主体而言的。从计算机向外部输出设备（如显示器、打印机、磁盘等）输出数据称为“输出”，从输入设备（如键盘、磁盘、光盘、扫描仪等）向计算机输入数据称为“输入”。在 C 语言中，所有的数据输入 / 输出都是由库函数完成的，因此都是函数调用语句。

（二）字符输出函数（putchar 函数）

putchar 函数是字符输出函数，其功能是在显示器上输出单个字符。一般形式为

```
putchar(字符变量)
```

例如：

```
putchar('A'); //输出大写字母 A
putchar(x); //输出字符变量 X 的值
putchar('\n'); //换行。对控制字符则执行控制功能，不在屏幕上显示。
```

使用本函数前必须要用文件包含命令：#include<stdio.h>

例 3.1 输出字符型数据——putchar()函数的应用

```
#include <stdio.h>
void main()
{
  char a='B',b='o',c='k';
```

```
  putchar(a);putchar(b);putchar(b);putchar(c);putchar('\t');
  putchar(a);putchar(b);
  putchar('\n');
  putchar(b);putchar(c);
}
```

（三）字符输入函数（getchar 函数）

getchar 函数的功能是从键盘上输入一个字符。其一般形式为

```
getchar();
```

通常把输入的字符赋予一个字符变量，构成赋值语句。

例 3.2　输入一个字符——getchar 函数的应用格式

```
#include<stdio.h>
void main()
{
   char c;
   printf("input a character\n");
   c=getchar();
   putchar(c);
}
```

- **任务实施**

```
#include <stdio.h>
void main()
{
    char a;
    printf("请输入一个小写字母: ");
    a=getchar();//通过键盘输入一个小写字母
    printf("该字母对应的大写字母是: %c \n", a-32);
    }
```

运行结果如图 3-7 所示。

图 3-7　任务 2 运行结果图

● 特别提示

（1）getchar 函数只能接受单个字符，输入数字也按字符处理。输入多于一个字符时，只接收第一个字符。

（2）使用本函数前必须包含文件<stdio.h>。

任务 3 输出学生个人信息——格式化输入输出函数

● 工作任务

为了方便学生管理，班主任王老师安排学习委员张雪输出一张学生个人信息表，表的格式如下：

```
姓名   性别   年龄   数学      英语     C语言
张雪    女     18    89       87.5     67.5
......
......
```

● 思路指导

输入：对于数据的输入用输入函数 scanf("格式控制字符串",地址表列)，年龄存储到变量 age 中，数学成绩存储到变量 math 中，英语成绩存储到变量 english 中，C 语言成绩存储到变量 c 中。

输出如下。

（1）表头的输出用无格式的输出函数 printf("字符串");。

（2）对具体内容的输出用带格式的 printf("格式控制字符串",输出项表列);。

● 相关知识

格式化的输入输出指的是按照指定的格式对数据进行输入输出操作，数据的输出用到库函数 printf()，数据的输入用到库函数 scanf()，使用这两个函数时，程序设计人员需要指定输入输出数据的格式。

（一）格式化的输出函数 printf

1. printf 函数调用的一般形式

printf 函数是一个标准库函数，它的函数原型在头文件“stdio.h”中。但作为一个特例，不要求在使用 printf 函数之前必须包含 stdio.h 文件。printf 函数调用的一般形式为：

```
printf("格式控制字符串",输出项表列);
```

2. 函数功能

按照格式控制字符串所指定的格式，将“输出项列表”中各输出项输出到标准输出设备。

3. 有关说明

（1）格式控制字符串可以包括：“格式转换说明符”，用于规定相应输出项内容的输出格式，格式字符串是以%开头的字符串，在%后面跟有各种格式字符，以说明输出数据的类型、形式、长度、小数位数等。如"%d"表示按十进制整型输出，"%ld"表示按十进制长整型输出，"%c"表示按字符型输出等（见表 3-1）；"转义字符"，用于输出所代表的控制代码或特殊字符；"普通字符"，要求原样输出的字符，在显示中起提示作用。

表 3-1 printf()函数中格式控制符含义

格式字符	字符含义
%d	输出十进制整数
%o	输出八进制整数
%x 或%X	输出十六进制整数
%u	输出无符号十进制整数
%f 或%e	输出实型数(用小数形式或指数形式)
%c	输出单个字符
%s	输出字符串
%e 或%E	以指数形式输出浮点数
%%	输出字符%

（2）输出项表列。输出项表列中给出了各个输出项，可以是变量和表达式，输出项之间用逗号分隔。要求格式字符串和各输出项在数量和类型上应该一一对应。如例 3.3 所示。

例 3.3 格式控制串的使用

```
void main()
{
  int a=88,b=89;
  printf("%d,%d\n",a,b);
  printf("%d,%d\n",a,b);
  printf("%c,%c\n",a,b);
  printf("a=%d,b=%d",a,b);
}
```

本例中 4 次输出了 a,b 的值，但由于格式控制串不同，输出的结果也不相同。第 1 个输出语句格式控制串中，两格式串%d 之间加了一个空格（非格式字符），所以输出的 a，b 值之间有一个空格。第 2 个 printf 语句格式控制串中加入的是非格式字符逗号，因此输出的 a，b 值之间加了一个逗号。第 3 个格式串要求按字符型输出 a，b 值。第 4 个为了提示输出结果又增加了非格式字符串。

4. 格式转换说明符

一般情况下，每个格式说明都是以字符%开始，以转换字符结束，在%和转换字符之间可以有如下符号。

（1）减号–。它表示输出项在其数据宽度内左对齐，无减号则为右对齐。

（2）数字 0。对数值型数据，在其左边有 0 而不是用空格来填充使之达到指定或缺省的数据宽度。

（3）正整数 m（数据宽度）。它指出最小的数据宽度，输出的数据至少以这个宽度输出。若宽度不够实际数据输出，则以实际宽度为准。若输出的数据项，其字符数比数据宽度小，就在左边添加字符（若给出左对齐的标志符，则在右边添加字符），使之达到数据宽度。通常添加的字符为空格，若格式说明中有前置 0，且输出的是数值型数据，则添加的字符为 0。

（4）英文句号 . 。它将数据宽度和后面表示精度的正整数分开。

（5）正整数 n（精度）。若是实数，表示输出 n 位小数；若是字符串，表示截取的字符个数。

（6）长度修饰符 l（字母 l）。表示是否按长整型输出。

（二）数据输入函数 scanf

scanf 函数称为格式输入函数，即按用户指定的格式从键盘上把数据输入到指定的变量之中。scanf 函数调用的一般形式如下。

（1）scanf 函数的一般形式。

scanf 函数是一个标准库函数，它的函数原型在头文件“stdio.h”中，与 printf 函数相同，C 语言也允许在使用 scanf 函数之前不必包含 stdio.h 文件。scanf 函数的一般形式为：

```
scanf("格式控制字符串",地址表列);
```

其中，格式控制字符串的作用与 printf 函数相同，但不能显示非格式字符串，也就是不能显示提示字符串。地址表列中给出了各变量的地址。地址是由地址运算符“&”后跟变量名组成的。例如，&a,&b 分别表示变量 a 和变量 b 的地址。这个地址就是编译系统在内存中给 a,b 变量分配的地址。在 C 语言中，使用了地址这个概念，这是与其他语言不同的。

应该把变量的值和变量的地址这两个不同的概念区别开来。变量的地址是 C 编译系统分配的，用户不必关心具体的地址是多少。变量的地址和变量值的关系如下：如在程序中有赋值语句 a=67，则 a 为变量名，67 是变量的值，&a 是变量 a 的地址。

注意在赋值表达式中给变量赋值，赋值号左边是变量名，不能写地址，而 scanf 函数在本质上也是给变量赋值，但要求写变量的地址，如&a。这两者在形式上是不同的。&是一个取地址运算符，&a 是一个表达式，其功能是求变量的地址。如例 3.4 所示，注意其中&的用法。

例 3.4　scanf()的格式示例

```
#inlude <stdio.h>
void main()
{
   int a,b,c;
   printf("input a,b,c\n");
   scanf("%d%d%d",&a,&b,&c);
```

```
    printf("a=%d,b=%d,c=%d",a,b,c);
}
```

在本例中，由于 scanf 函数本身不能显示提示串，故先用 printf 语句在屏幕上输出提示，请用户输入 a、b、c 的值。执行 scanf 语句时，等待用户输入。用户输入 7、8、9 后按下回车键，则把 7、8、9 分别给了变量 a、b、c。在 scanf 语句的格式串中由于没有非格式字符在“%d%d%d”之间作输入时的间隔，因此在输入时要用一个以上的空格或回车键作为每两个输入数之间的间隔。

如：

```
7 8 9
```

或：

```
7
8
9
```

（2）格式字符串。

格式字符串的一般形式为

```
%[*][输入数据宽度][长度]类型
```

其中有方括号[]的项为任选项。各项的意义如下。

① 类型。表示输入数据的类型，其格式符和意义如表 3-2 所示。

表 3-2　scanf()函数中格式控制字符串含义

格式符	字符含义
%d	输入十进制整数
%o	输入八进制整数
%x	输入十六进制整数
%u	输入无符号十进制整数
%f 或%e	输入实型数（用小数形式或指数形式）
%c	输入单个字符
%s	输入字符串

② “*”符。用以表示该输入项读入后不赋予相应的变量，即跳过该输入值。如

scanf("%d %*d %d",&a,&b);

当输入为：1 2 3 时，把 1 赋予 a，2 被跳过，3 赋予 b。

③ 宽度。用十进制整数指定输入的宽度(即字符数)。例如：scanf("%5d",&a);

输入：12345678 时，只把 12345 赋予变量 a，其余部分被截去。

又如：scanf("%4d%4d",&a,&b);

输入：12345678 时，将把 1234 赋予 a，而把 5678 赋予 b。

④ 长度。长度格式符为 l 和 h，l 表示输入长整型数据（如%ld）和双精度浮点数（如%lf）。h 表示输入短整型数据。

● 任务实施

```
#include <stdio.h>
void main()
{
int age;
int math,english,c;
printf("请输入学生基本信息: ");
scanf("%d",&age);
scanf("%d%d%d",&math,&english,&c);
printf("姓名\t 性别\t 年龄\t 数学\t 英语\tC 语言\n");
printf("张雪\t 女\t");
printf("%d\t",age);
printf("%d\t%d\t%d\n",math,english,c);
}
```

运行结果如图 3-8 所示。

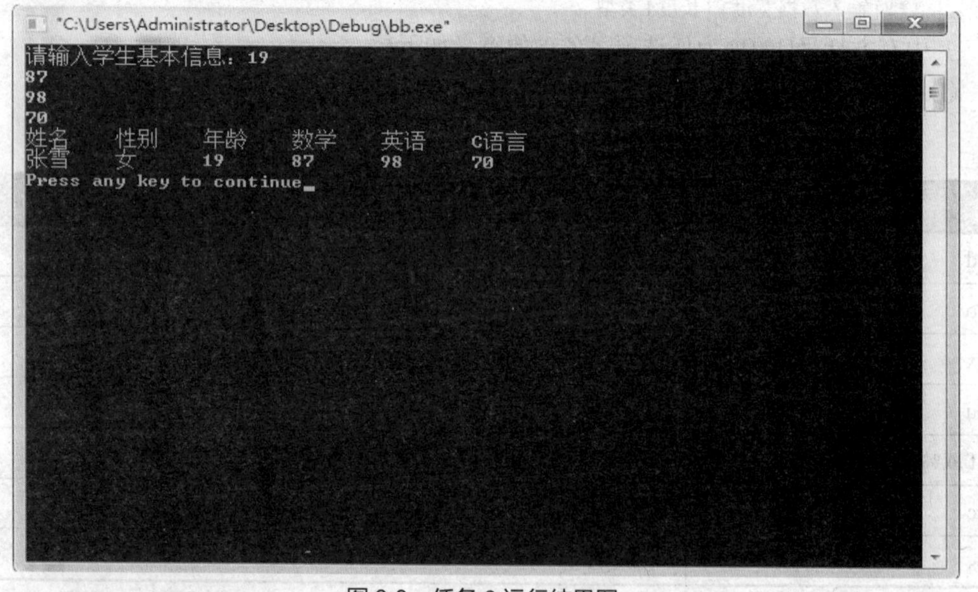

图 3-8 任务 3 运行结果图

拓展与提高

1. printf()函数中格式输出函数的具体用法

(1) %d。

用于指定输出十进制整数，对应的输出项内容可以是整数，也可以是字符，当输出内容为字符时，输出的将是该字符的 ASCII 码值。常用的形式为“%d”“%md”“%ld”或“%mld”。

例 3.5 分析以下程序

```
main()
{int a=101;
long b=202;
char c="a";
printf("%d\n",a);
printf("%4d\n",a);
printf("%2d\n",a);
printf("%ld\n",b);
printf("%6ld\n",b);
printf("%d\n",c);
}
```

（2）%o。

用于指定输出八进制整数，且该整数不带符号。即输出的是一个无符号整数，不会是负数。常用的格式有“%o”“%mo”“%lo”或“%mlo”。

例 3.6 分析以下程序

```
main()
{int a=-1;
long b=11111;
printf("%d\n",a);
printf("%o\n",a);
printf("%4o\n",a);
printf("%ld\n",b);
printf("%lo\n",b);
printf("%6lo\n",b);
}
```

（3）%x。

用于指定输出十六进制整数，且该整数不带符号。常用的格式有“%x”“%mx”“%lx”或“%mlx”。

例 3.7 分析以下程序

```
main()
{int a=-1;
long b=11111;
printf("%d\n",a);
printf("%x\n",a);
printf("%6x\n",a);
printf("%ld\n",b);
printf("%lx\n",b);
```

```
printf("%6lx\n",b);
}
```

（4）%u。

用于指定以十进制形式输出整数，且该整数不带符号。即输出 unsigned 型数据。unsigned 型数据也可以用“%d”“%o”或“%u”形式输出。常用的形式为“%u”和“%mu”。

例 3.8　分析以下程序

```
main()
{int unsigned a=65535;
Int b=-2;
printf("%d\n",a);
printf("%u\n",a);
printf("%6u\n",a);
printf("%d\n",b);
printf("%u\n",b);
printf("%6u\n",b);
}
```

（5）%c。

用于输出一个字符，对应输出项的内容可以是字符，也可以是 0~255 之间的整数（ASCII 码值）。当输出项内容是整数时，输出的将是该整数对应 ASCII 码值的字符。常用的形式为“%c”和“%mc”。

例 3.9　分析以下程序

```
main()
{int a=65;
Char b="a";
printf("%d\n",a);
printf("%c\n",a);
printf("%d\n",b);
printf("%c\n",b);
printf("%4c\n",b);
}
```

（6）%s。

用于输出一个字符串，常用的形式为“%s”“%ms”“%-ms”“%m.ns”和“%-m.ns”。m 表示输出的字符串占 m 位，若字符串长度大于 m，则按实际长度输出；若字符串长度小于 m，则不足位置补空格。n 表示只取字符串左端 n 个字符，当 m<n 时，m 自动取 n 值，以保证 n 个字符的正确输出。

例 3.10　分析以下程序

```
main()
```

```
{
printf("%s\n", "Welcome");
printf("%4s\n", "Welcome");
printf("%8s\n", "Welcome");
printf("%-8s\n", "Welcome");
printf("%5.3s\n", "Welcome");
printf("%-5.3s\n", "Welcome");
printf("%.4s\n", "Welcome");
printf("%2.5s\n", "Welcome");
}
```

（7）%f。

用于以小数形式输出实数（包括单精度数和双精度数），常用的形式为“%f”“%m.nf”和“%-m.nf”。m.n 表示输出的数据共占 m 位（包括小数点所占的位数），小数点部分为 n 位，若数值长度小于 m，则不足位置补空格。

以“%f”格式输出的数据若不指出宽度 m 和小数位数 n，则整数部分全部输出，小数部分输出 6 位。

值得注意的是，以“%f”格式输出的数据并非都是有效数字。一般来说，单精度的有效数位为 7 位，双精度实数的有效数位为 16 位（根据机器字长的不同而不同）。

例 3.11　分析以下程序

```
main()
{
float f,g,a,b;
double d,e,x,y;
f=111.111;
g=222.222;
a=1111.1111;
b=2222.2222;
d=1234567891.1111;
e=2222222222.2222;
x=123456789123.111111;
y=222222222222.222222;
printf("%f\n",f);
printf("%f\n",f+g);
printf("%8.3f\n",f);
printf("%08.3f\n",f);
printf("%-8.3f\n",f);
printf("%0.2f\n",f);
printf("%2.5f\n",f);
```

```
printf("%f\n",a);
printf("%f\n",b);
printf("%f\n",a+b);
printf("%8.4f\n",a);
printf("%lf\n",d);
printf("%lf\n",d+e);
printf("%lf\n",x);
printf("%lf\n",y);
printf("%lf\n",x+y);
}
```

通过分析可以看出，单精度数据输出只有 7 位有效数字，超出 7 位有效数字的数据不准确。避免的办法就是采用“%m.nf”格式输出；同样的，双精度数据的输出只有 16 位有效数字，超过 16 位的数据也不准确。所以，用“%f”格式输出时，如果数字位数超过规定的数字位数，则输出的最后几位有可能不准确。

（8）%e。

用于以指数形式输出实数（包括单精度数和双精度数），常用的形式为“%e”“%m.ne”和“%-m.ne”。m.n 表示输出的数据共占 m 位，数字的数据部分（又称尾数）小数位数为 n 位。

若不指定宽度 m 和小数位数 n，则规定给出 6 位小数，指数部分占 5 位（如 e+003），其中指数占 3 位（注：不同系统的规定会略有不同）。数值按标准化指数形式输出（即小数点前必须有且只有一位非 0 数字）。

（9）%g。

“%g”格式用得较少，是用于输出实数的，输出时根据数值的大小，自动选择“%f”格式或“%e”格式（选择输出时占输出宽度较小的一种），且不输出无意义的 0。

2. 其他说明

（1）除了%x、%e、%g 以外，其他格式字符必须用小写字母。

（2）可以在“格式控制字符串”内使用“转义字符”，如“\n”“\t”“\b”“\377”等。

3. scanf()函数的使用说明

（1）scanf 函数中没有精度控制，如：scanf("%5.2f",&a); 是非法的。不能企图用此语句输入小数为 2 位的实数。

（2）scanf 中要求给出变量地址，如给出变量名则会出错。如 scanf("%d",a);是非法的，应改为 scnaf("%d",&a);才是合法的。

（3）在输入多个数值数据时，若格式控制串中没有非格式字符作输入数据之间的间隔，则可用空格、TAB 或回车作间隔。C 编译在碰到空格、TAB、回车或非法数据（如对“%d”输入“12A”时，A 即为非法数据）时即认为该数据结束。

（4）在输入字符数据时，若格式控制串中无非格式字符，则认为所有输入的字符均为有效字符。例如：

```
    scanf("%c%c%c",&a,&b,&c);
```

输入为

```
    d e f
```

则把'd'赋予 a,''赋予 b, 'e'赋予 c。只有当输入为 def 时，才能把'd'赋予 a, 'e'赋予 b, 'f'赋予 c。如果在格式控制中加入空格作为间隔，如 scanf ("%c %c %c",&a,&b,&c);则输入时各数据之间可加空格。

例 3.12 分析下列程序的运行结果

```
void main(){
          char a,b;
          printf("input character a,b\n");
          scanf("%c%c",&a,&b);
          printf("%c%c\n",a,b);
}
```

由于 scanf 函数"%c%c"中没有空格，输入 M N，结果输出只有 M。而输入改为 MN 时则可输出 MN 两字符。

例 3.13 scanf()函数的输入格式

```
void main(){
          char a,b;
          printf("input character a,b\n");
          scanf("%c %c",&a,&b);
          printf("\n%c%c\n",a,b);
          }
```

本例表示 scanf 格式控制串"%c %c"之间有空格时，输入的数据之间必须有空格间隔。

（5）如果格式控制串中有非格式字符，则输入时也要输入该非格式字符。

例如：scanf("%d,%d,%d",&a,&b,&c);，其中用非格式符“,”作间隔符，故输入时应为

```
5,6,7
```

又如：scanf("a=%d,b=%d,c=%d",&a,&b,&c);，则输入应为

```
a=5,b=6,c=7
```

（6）一般情况下，输入数据的类型要与输出数据的类型一致。如例 3.14 所示。

例 3.14 输入数据的类型与输出数据的类型要一致的程序

```
void main()
{
          long a;
          printf("input a long integer\n");
          scanf("%ld",&a);
          printf("%ld",a);
 }
```

● 特别提示

（1）格式控制字符串要用双引号扩起来。

（2）输入项和输出项的个数、顺序和类型要与格式控制符的个数，顺序和类型严格一致，否则会出现异常。

单元小结

本单元首先介绍了程序和算法的基本概念，然后重点讲解了 C 程序输入和输出操作是由函数 printf()、putchar()、scanf()、getchar()来实现的。

C 语言格式输入输出的规定比较麻烦，应用不对就得不到预期的结果，而输入输出又是最基本的操作，几乎每一个程序都包括输入输出。不少读者由于掌握不好而浪费了大量的调试程序的时间。虽然在本单元中做了详细的介绍，但是在学习过程中没有必要去死抠每个细节，重点掌握最常用的一些使用即可。

思考与训练

1. 讨论题

在使用输入输出函数时，若不写上预处理命令，对程序执行的结果有何影响？

2. 简答题

在 C 语言中，我们经常使用的语句有哪些？

3. 选择题

（1）阅读下列程序，当输入数据的形式为：25，13，10，正确的输出结果为（　　）。

```
#include <stdio.h>
void main()
{         int x,y,z;
          scanf("%d,%d,%d",&x,&y,&z);
          printf("x+y+z=%d\n",x+y+z);
}
```

A．x+y+z=48　　　　B．x+y+z=35

C．x+z=35　　　　D．不确定值

（2）以下程序的运行结果是（　　）。

```
include <stdio.h>
void main()
{         int a=2,b=5;
```

```
        printf("a=%%d,b=%%d",a,b);
}
```

A．a=%2,b=%5　　B．a=2,b=5
C．a=%%d,b=%%d　　D．a=%d,b=%d

（3）putchar 函数可以向终端输出一个（　　）。
A．整型变量表达式值　　B．实型变量值
C．字符串　　D．字符或字符型变量值

（4）已知有定义 int a=–2;和输出语句 printf("%8lx",a);，以下叙述正确的是（　）。
A．整型变量的输出格式只有%d 一种
B．%x 是格式符的一种，它可以适用于任何一种类型的数据
C．%x 是格式符的一种，其变量的值按十六进制输出，但%8lx 是错误的
D．%8lx 不是错误的格式符，其中数字 8 规定了输出字段的宽度

（5）已知 ch 是字符型变量，下面不正确的赋值语句是（　　）。
A．ch='a+b'　B．ch='\0'　C．ch='7'+'9'　D．ch=7+9

4. 分析程序并上机操作

（1）以下程序的输出结果是（　　）。

```
include <stdio.h>
void main()
{
        printf("*%f,%4.3f*\n",3.14,3.1415);
}
```

（2）以下程序的输出结果是（　　）。

```
#include <stdio.h>
void main()
{
        int a=325;
        double x=3.1415926;
        printf("a=%+06d x=%+e\n",a,x);
}
```

（3）若 x 为 int 型变量，则执行下列语句后 x 的值是（　　）。

```
x=7;
x+=x-=x+x;
```

5. 编程题

（1）求 $ax^2+bx+c=0$ 的实根，a、b、c 的值由键盘输入。

（2）正确分离出一个 3 位正整数的个位、十位、百位数字，并将结果分别显示在屏幕上。

第4单元 选择结构程序设计

问题引入

在现实生活中，不可能事事都是按顺序执行的，往往会根据不同情况进行不同处理。如遇到十字路口，我们会根据目的地的方向，选择向左走还是向右走；我们会通过判断天气情况，选择去郊游还是留在家里。编写程序就是模拟和解决生活中可能会遇到的问题，因此在C语言中，有一种结构语句称作选择结构或称作分支结构，是结构化程序设计的3种基本结构之一。选择结构使程序具备根据不同的逻辑条件进行不同处理的功能，可以对给定的条件进行判断，并根据判断结果执行不同的语句序列。

在大多数结构化程序设计问题中读者都将遇到选择问题，因此熟练掌握选择结构进行程序设计是我们必须具备的能力。本单元的5个典型任务讲解和分析了在C语言程序中选择结构程序的设计方法。

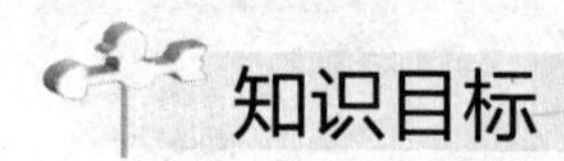

知识目标

1. 掌握关系运算符和关系表达式书写规则
2. 掌握逻辑运算符和逻辑表达式书写规则
3. 了解选择结构程序的基本概念
4. 熟悉实现选择结构的方法

技能目标

1. 能够运用if语句进行选择结构程序设计
2. 能够运用多分支选择结构程序设计
3. 能够运用switch语句进行多分支选择结构设计
4. 能够运用条件运算符表示选择结构

任务1 身高预测——简单if语句的运用

通过编程解决问题一般需要数据输入、数据处理和数据输出3个顺序步骤，但是在实际问题中，程序的逻辑并非完全是顺序的，常常会碰到一些要做选择的事情，程序执行时常通过条件来决定往下执行的流程，若满足条件则执行一个流程，若不满足条件则执行另一个流程，这种结构称为选择结构或称分支结构。那么在选择结构程序设计过程中，选择条件如何表达，依据条件选择执行某些语句的过程是如何描述的，我们将通过工作任务来进行学习。

- **工作任务**

每个父母都关心自己孩子成年后的身高，据有关生理卫生知识与数理统计分析表明，影响小孩成年后身高的因素有遗传、饮食习惯与体育锻炼情况等。小孩成年后的身高与其父母的身高及自身的性别密切相关。

设 faheight 为其父身高，moheight 为其母身高，身高预测公式为

男性成年后身高=(faheight+moheight) *0.54（cm）

女性成年后身高=(faheight*0.923+moheight)/2（cm）

此外，如果喜爱体育锻炼，那么可增加身高 2%；如果有良好的卫生饮食习惯，那么可增加身高 1.5%。

- **思路指导**

输入：性别（用字符型变量 sex 存储，输入字母 g 表示女性，输入字符 b 表示男性）、父母身高（用实型变量存储，faheight 为其父身高，moheight 为其母身高）、是否喜爱体育锻炼（用字符型变量 sports 存储，输入字符 y 表示喜爱，输入字符 n 表示不喜爱）、是否有良好的饮食习惯（用字符型变量 diet 存储，输入字符 y 表示喜爱，输入字符 N 表示不喜爱）。

输出：身高。

处理：利用给定公式和身高预测方法对身高进行预测。

判断条件：性别是男还是女、是否喜爱体育锻炼、是否有良好的饮食习惯。

- **相关知识**

（一）选择结构概述

日常生活中，常常会碰到一些要做选择的事情，我们在程序设计中也是如此，程序执行时常通过条件来决定往下执行的流程，若满足条件则执行一个流程，若不满足条件则执行另一个流程，这种结构称为选择结构。

构成选择结构的要素有两个，一个是条件，另一个是执行的操作。

选择结构一般有以下 3 种结构。

1. 单分支结构

单分支结构如图 4-1 所示，当条件成立时，执行语句序列。

2. 双分支结构

双分支结构如图 4-2 所示，当条件满足时，执行语句序列 1，当条件不成立时，执行语句序列 2。

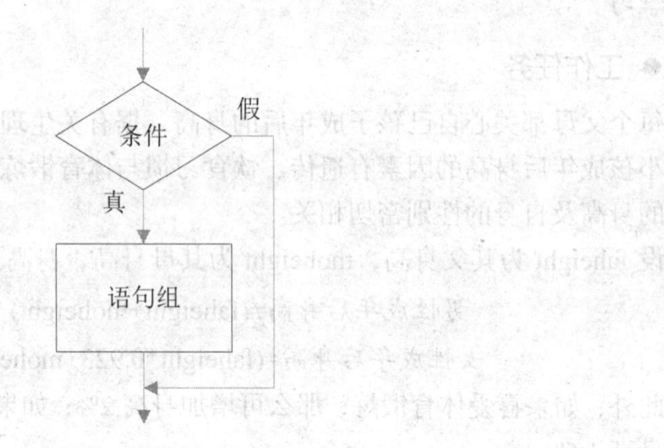

图 4-1 单分支结构

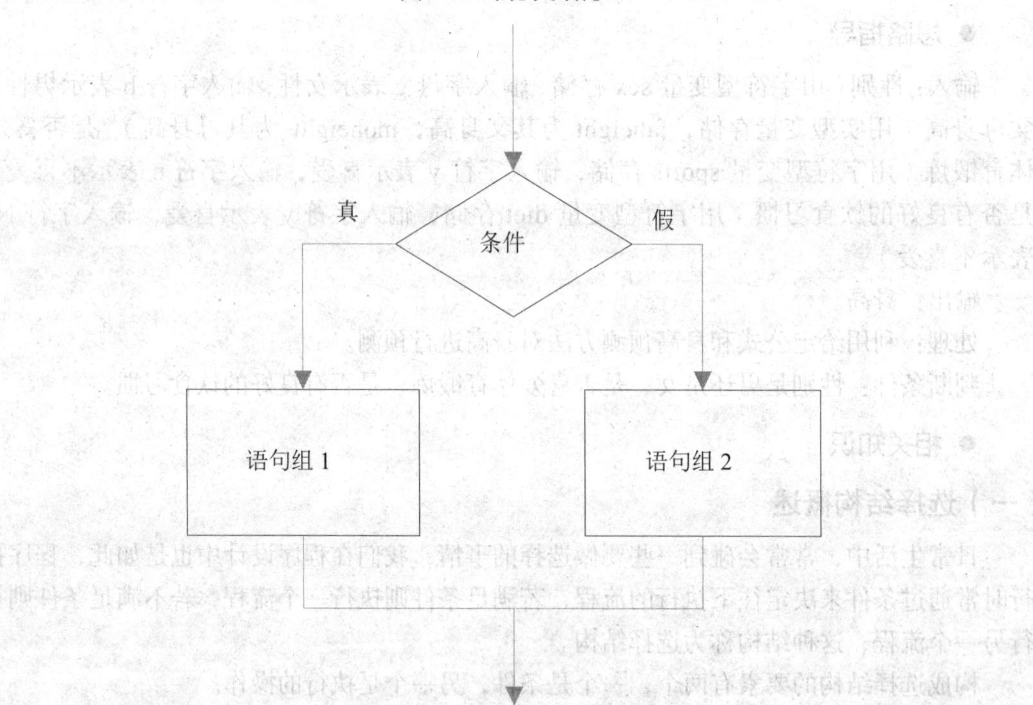

图 4-2 双分支结构

3. 多分支结构

多分支结构如图 4-3 所示，当满足条件 1 时，执行语句序列 1；当满足条件 2 时，执行语句序列 2；以此类推，当满足条件 n 时，执行语句 n；当给定的条件都不满足时，执行语句 n+1。在多个条件中选择一个去执行。

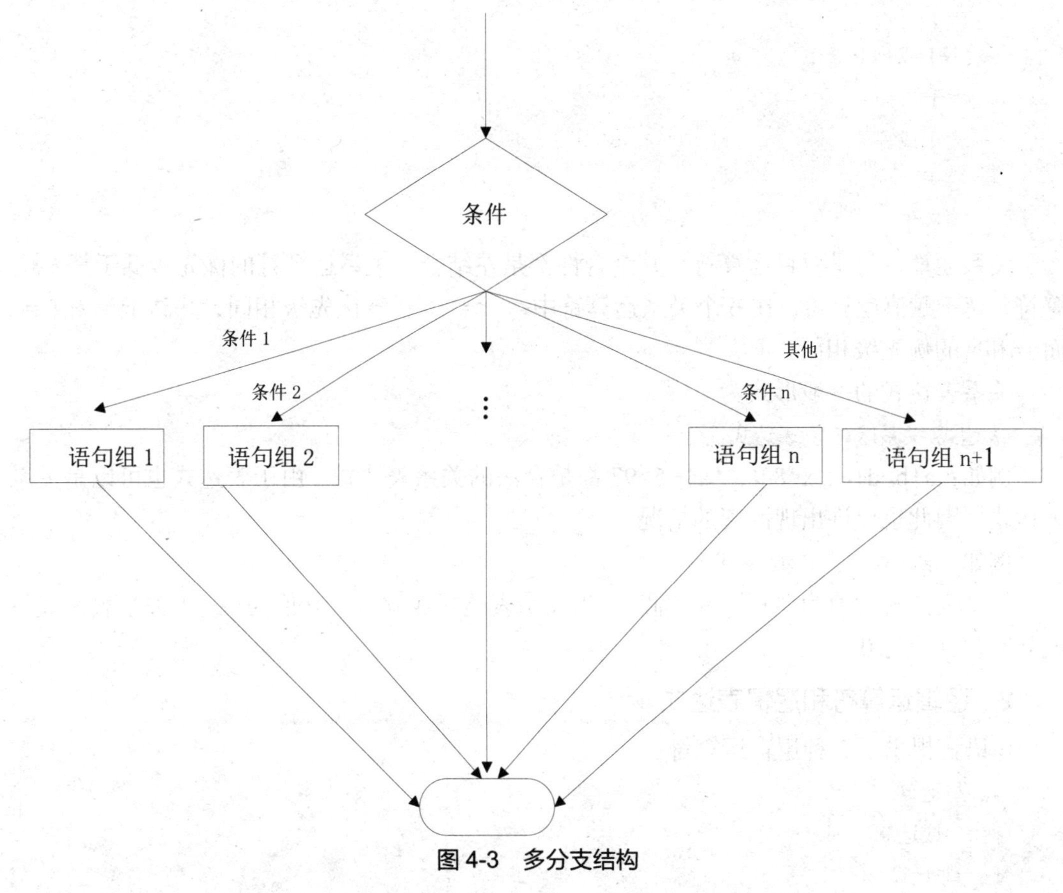

图 4-3　多分支结构

（二）解决选择问题的基本步骤和方法

选择结构是结构化程序设计的 3 种结构之一，也是常用的一种结构，在大多数的程序中都包含有选择结构，一般来说解决这样的问题用以下的方法和步骤。

（1）判断解决的问题是否是选择问题。

（2）若是选择问题，则判断是哪种选择结构类型，是单分支、双分支还是多分支结构。

（3）若是选择问题，确定选择结构，确定选择条件、执行过程与结束过程。

（4）用 C 语言描述。

（三）条件的描述

描述条件一般是使用关系表达式或逻辑表达式，统称条件表达式。条件表达式的值为“真”或“假”，在 C 语言中有如下规定，“真”用整数 1 表示，“假”用整数 0 表示，条件表达式判断的结果非 0 即真。程序根据条件表达式的结果（真或假）选择执行相应的语句。下面我们分别介绍关系表达式和逻辑表达式。

1. 关系运算符和关系表达式

在程序中经常需要比较两个数据的大小，以决定程序下一步的工作，比较两个数据大小的运算符称为关系运算符。在 C 语言中，有以下关系运算符：

```
<   小于
<=  小于或等于
>   大于
>=  大于或等于
==  等于
!=  不等于
```

关系运算符都是双目运算符，其结合性都是左结合。关系运算符的优先级低于算术运算符，高于赋值运算符，在 6 个关系运算符中<、<=、>、>=优先级相同，并高于==和! =，而==和!=的优先级相同。

关系表达式的一般形式为

```
表达式 关系运算符 表达式
```

例如：a+b>d+e、x<8/9、'a'+5>97 都是合法的关系表达式。由于表达式也可以是关系表达式，因此也允许出现嵌套的情况。

例如：a>(b>c)、a!=(c==d)。

关系表达式的值为“真”或“假”，当关系表达式成立时，其值为 1，当关系表达式不成立时，其值为 0。

2. 逻辑运算符和逻辑表达式

C 语言提供了 3 种逻辑运算符：

```
&&  与运算
||    或运算
!   非运算
```

与运算符“&&”和或运算符“||”都是双目运算符，具有左结合性，非运算符“!”是单目运算符，具有右结合性。“&&”和“||”的优先级别低于算术运算符和关系运算符，而“!”的优先级则高于算术运算符和关系运算符，按照运算符的优先级别可以得出：

```
a>b&&c>d 等价于(a>b)&&(c>d)
!b==c||d<a 等价于((!b)==c)||(d<a)
a+b>c&&x+y>b 等价于(a+b>c)&&(x+y>b)
```

逻辑表达式的值为“真”或“假”，当逻辑表达式成立时为“真”，其值为 1，当逻辑表达式不成立时为“假”，其值为 0。其求值原则如表 4-1 所示。

表 4-1 逻辑运算值表

a	b	!a	a&&b	a‖b
真	真	假	真	真
真	假	假	假	真
假	真	真	假	真
假	假	真	假	假

逻辑表达式的一般形式为

```
表达式  逻辑运算符  表达式
```

其中的表达式又可以是逻辑表达式，从而组成嵌套的情形。

（四）简单 if 语句（单分支 if 语句）

1. 简单 if（单分支 if 语句）语法格式

```
if(表达式)    //条件
{语句组}    //执行的操作
```

2. 简单 if 语句的执行过程

简单 if 语句流程图如图 4-4 所示，当条件成立时，执行语句序列，条件不成立时，跳过语句序列，执行后续语句。

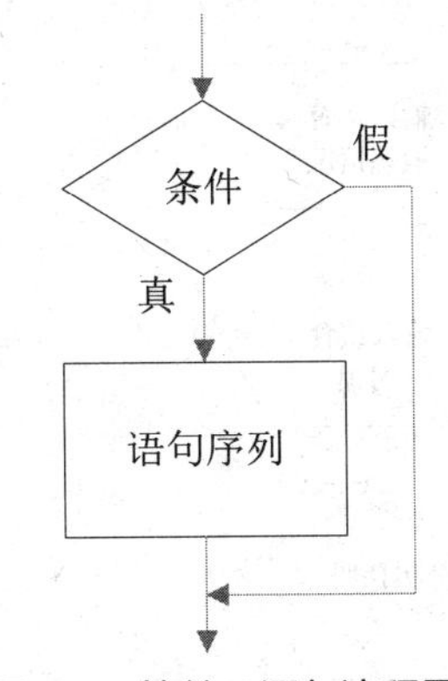

图 4-4 简单 if 语句流程图

● 任务实施

1. 流程图（如图 4-5 所示）

2. 程序代码

```
#include <stdio.h>
void main( )
{
  Char sex;                    /*孩子性别*/
  Char sports;                 /*是否喜欢体育运动*/
  Char diet;                   /*是否有良好的饮食习惯*/
  float myheight;              /*孩子身高*/
  float faheight;              /*父亲身高*/
  float moheight;              /*母亲身高*/
  printf("你是男孩（b） 还是女孩（g）?");
  scanf("%1s",&sex);
```

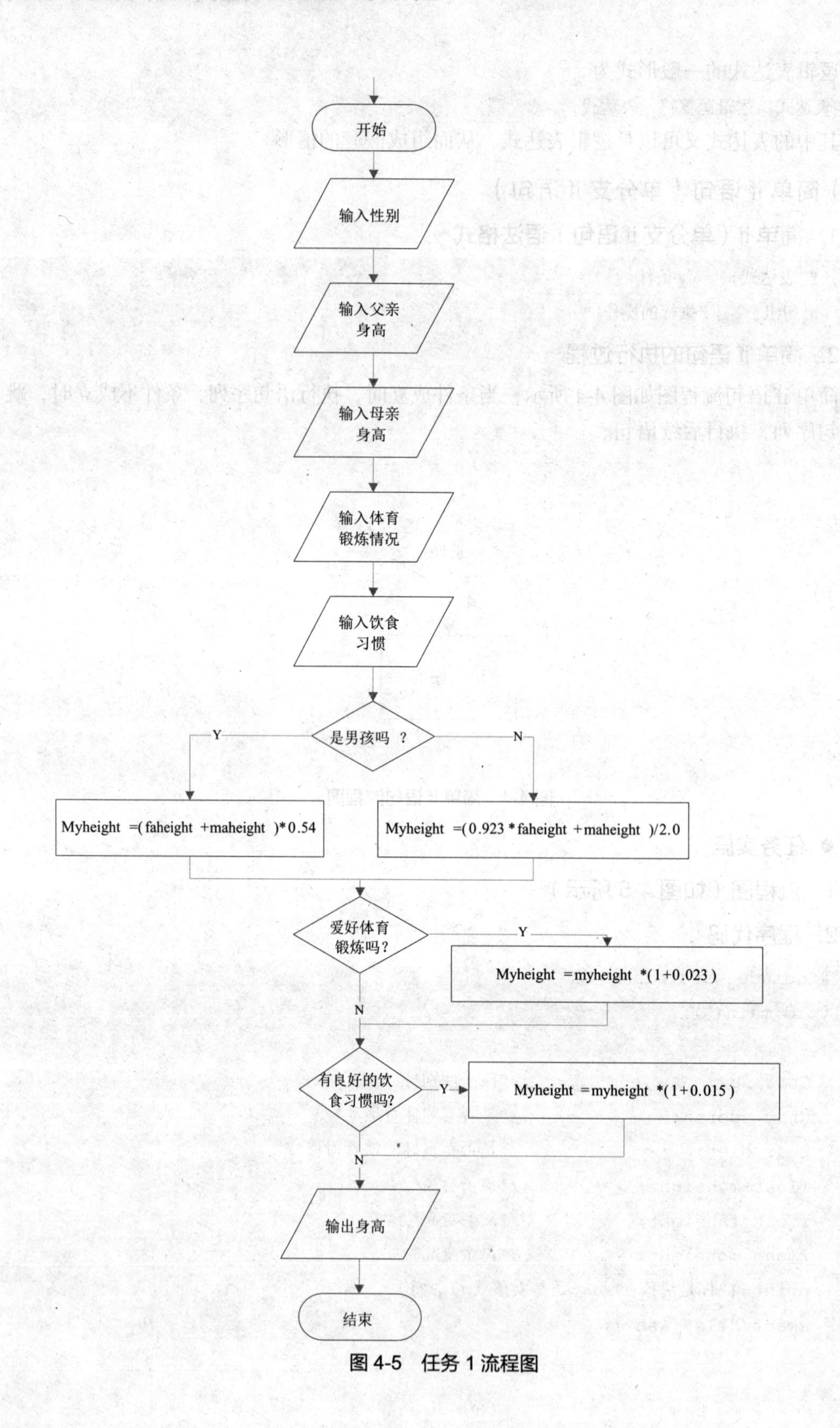
开始
输入性别
输入父亲
身高
输入母亲
身高
输入体育
锻炼情况
输入饮食
习惯
是男孩吗 ？
Y
N
Myheight =(faheight +maheight)*0.54
Myheight =(0.923 *faheight +maheight)/2.0
爱好体育
锻炼吗？
Y
Myheight =myheight *(1+0.023)
N
有良好的饮
食习惯吗?
Y
Myheight =myheight *(1+0.015)
N
输出身高
结束

图 4-5 任务 1 流程图

```
    printf("输入你爸爸的身高（cm）: ");
    scanf("%f",&faheight);
    printf("输入你妈妈的身高（cm）: ");
    scanf("%f",&moheight);
    printf("你是否喜欢体育锻炼（Y/N）?");
    scanf("%1s",&sports);
    printf("是否有良好的饮食习惯等条件（Y/N）?");
    scanf("%1s",&diet);
    if (sex=='b'|| sex=='B')
        myheight=(faheight+moheight)*0.54;
   if (sex=='g'|| sex=='G')
      myheight=(faheight*0.923+moheight)/2.0;
    if(sports=='Y'|| sports=='y')
      myheight=myheight* (1+0.023);
    if(diet=='Y'||diet=='y')
      myheight=myheight* (1+0.015);
    printf("Your future height will be%6.2f(cm)\n", myheight);
}
```

程序运行结果如图 4-6 所示。

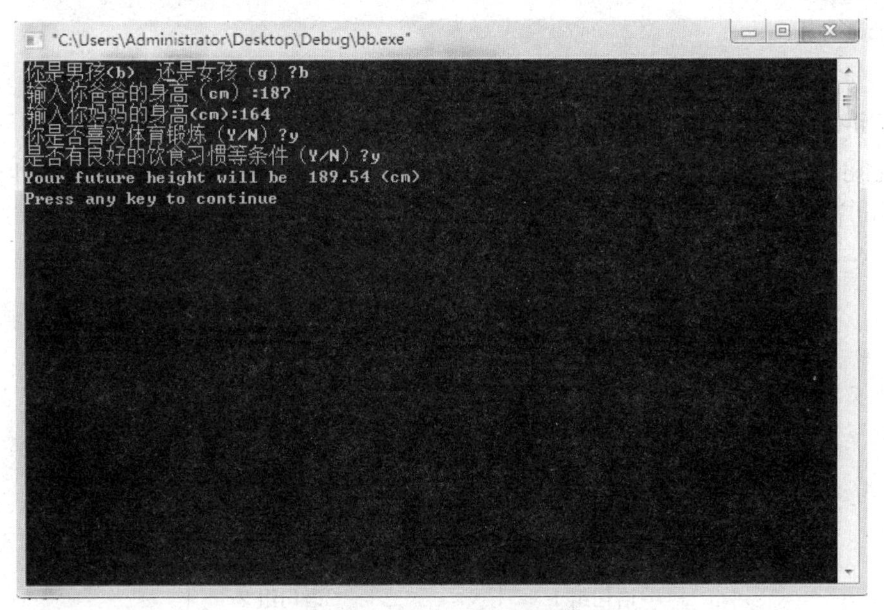

图 4-6 任务 1 运行结果图

- 特别提示

（1）if 后面的表达式一定要有圆括号。

（2）表达式一般情况下是关系表达式和逻辑表达式，也可以是任意类型的合法的 C 语言表达式，但计算结果必须为整型、字符型或浮点型之一。

（3）语句序列如果为单条语句，可以不加大括号，如果是多条语句，一定要加大括号，构成复合语句。

任务 2 闰年判断——if-else 语句的运用

● 工作任务

在一次联欢晚会上，为了活跃气氛，主持人随机说出一个年份，让在场的观众说出是否为闰年，说对的发给一些小奖品。你能设计一个应用程序，判断某一年是否为闰年吗?

● 思路指导

输入：输入的年份存储到变量 year 中

输出：是或者否

判断条件：闰年的条件——年份能被 4 整除并且不能被 100 整除或者能被 400 整除

处理：根据不同的条件给变量 leap 赋予不同的值 1 或 0，再根据变量 leap 中的值的不同分别进行不同的处理

● 相关知识

1. if-else 语句（双分支 if 语句）的语法格式

```
if(表达式)
  {语句序列 1}
else
  {语句序列 2}
```

2. if-else 语句的执行过程

if-else 语句执行过程如图 4-7 所示，当条件为真时，执行语句序列 1，当条件为假时，执行语句序列 2。

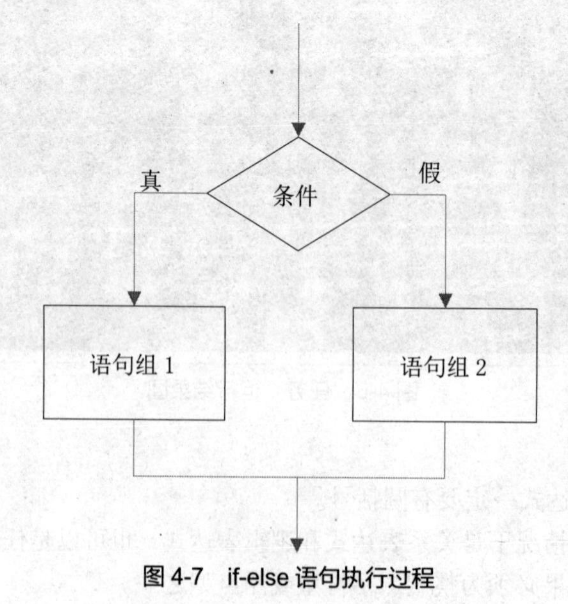

图 4-7　if-else 语句执行过程

● 任务实施

1. 流程图（如图 4-8 所示）

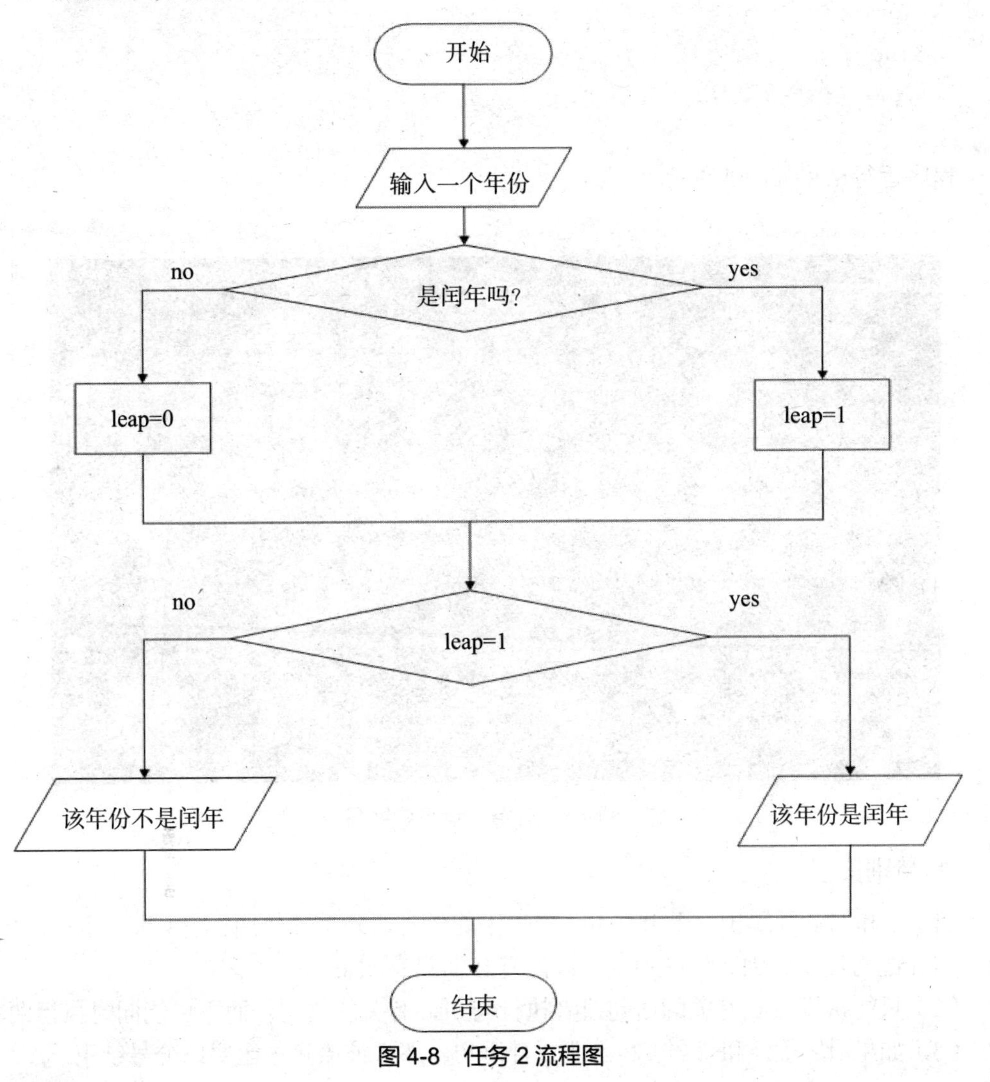

图 4-8　任务 2 流程图

2. 程序代码

```
#include <stdio.h>
void main()
{
  Int y,leap;
  printf("请输入一个年份：");
  scanf("%d",&y);
  if((y%4==0)&&(y%100!=0)||(y%400==0))  //判断闰年的条件
    leap=1;
  else
```

```
    leap=0;
  if(leap==1)
    printf("%d 年是一个闰年",y);
  else
    printf("%d 年不是一个闰年",y);
}
```

程序运行结果如图 4-9 所示。

图 4-9　任务 2 运行结果图

● 特别提示

（1）if 和 else 同属于一个 if 语句，else 不能作为语句单独使用，它只是 if 语句的一部分，与 if 配对使用，因此程序中不可以没有 if 而只有 else。

（2）只能执行与 if 有关的语句或者执行与 else 有关的语句，而不可能同时执行两者。

（3）如果<语句 1>和<语句 2>是非复合语句，那么该语句一定要以分号结束。

任务 3　划分考试成绩等级——多重 if 语句的运用

● 工作任务

在大学的课程成绩评定中，经常把学生的成绩分成优秀、良好、中等、及格和不及格 5 个等级。其中小于 60 分的为不及格；60 ~ 70 分之间的为及格；70 ~ 80 分之间的为中等；80 ~ 90 分之间的为良好；90 分以上的为优秀。编写一个程序，要求输入一个学生的考试成绩，输出其分数和对应的等级。

● 思路指导

输入：输入学生的成绩存储到变量 score 中。

输出：根据学生的成绩输出学生的等级。

条件判断：判断学生成绩符合哪个范围。

处理：根据判断，输出学生的等级。

● 相关知识

1. 多重 if 语句（多分支 if 语句）的语法格式

```
if(表达式 1)
   {语句体 1}
else if(表达式 2)
   {语句体 2}
else if(表达式 3)
   {语句体 3}
…
else if(表达式 n)
   {语句体 n}
else
   {语句体 n+1}
```

2. 执行过程

先判断表达式 1 的值，若表达式 1 的值为非 0，则执行语句体 1，然后跳出选择结构，继续执行选择结构下边的语句；若表达式 1 的值为假，不执行语句体 1，再来判断表达式 2 的值是否为真，如果表达式 2 为真，则执行语句体 2，然后跳出选择语句结构，若为假，继续判断表达式 3 是否为真……依此类推，如果所有的条件都不成立，则执行最后一个 else 下面的语句体 n+1，然后继续执行选择结构下面的语句。

● 任务实施

1. 流程图（如图 4-10 所示）

2. 程序代码

```
#include <stdio.h>
void main()
{
  int score;
  printf("请输入一个学生的成绩：");
  scanf("%d",&score);
  if(score<60)
    printf("不及格");
  else if(score<70)
    printf("及格");
  else if(score<80)
    printf("中等");
```

```
    else if(score<90)
      printf("良好");
    else if(score<=100)
      printf("优秀");
}
```

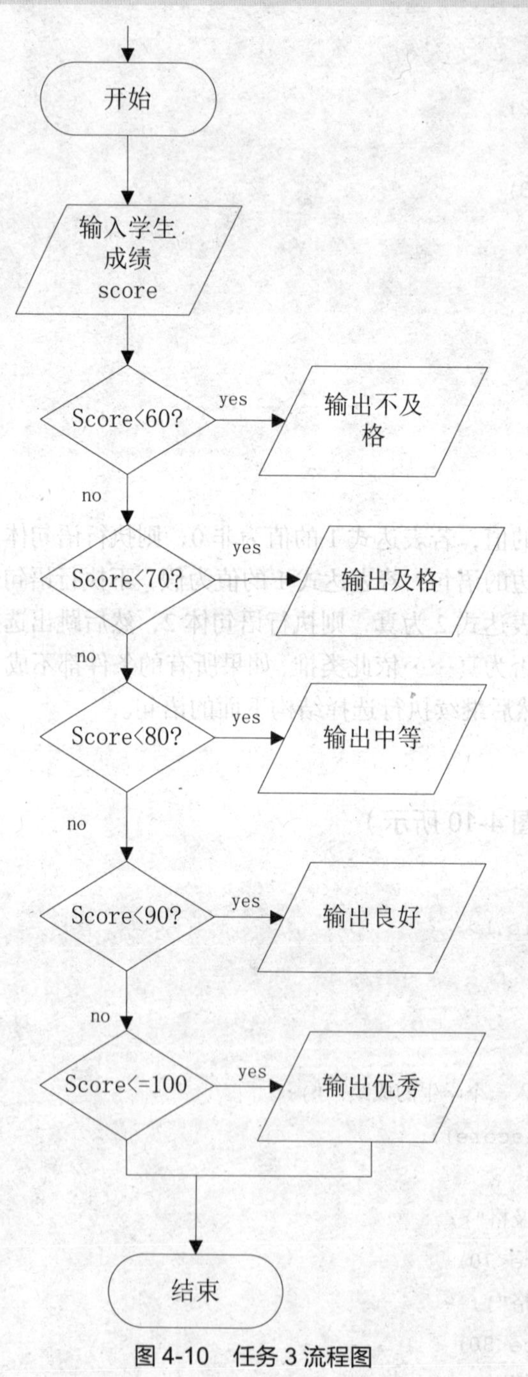

图 4-10　任务 3 流程图

程序运行结果如图 4-11 所示。

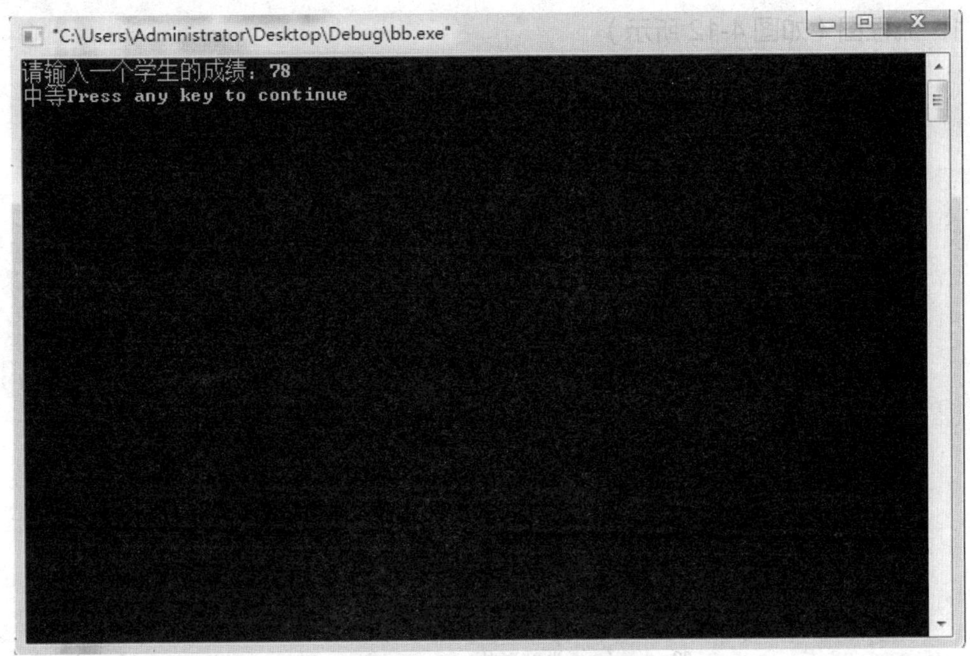

图 4-11　任务 3 运行结果图

● 特别提示

多重 if 语句更适用于区间判断。如果 if 后的表达式只写了半幅，如上题 score<80，而不是 score>70&&score<80，那么 if 后的表达式顺序不能颠倒，否则得不到希望的结果。

任务 4　旅游景点门票打折问题——嵌套 if 语句的运用

● 工作任务

旅游景点为吸引游客，旺季和淡季门票价格不同，旺季为每年 5 到 10 月份，门票价格 200 元，淡季门票价格是旺季的八折。不论旺季还是淡季，65 岁以上老人免票，14 岁以下儿童半价，其余游客全价。请编写一个景点门票计费程序。

● 思路指导

输入：输入游览月份存储到变量 month 中，输入游客年龄存储到变量 age 中，景点门票单价存储到变量 price 中。

输出：游客应付门票金额 money。

判断条件：先判断是淡季还是旺季，再在淡季或旺季条件内判断游客年龄。

处理：根据淡季或旺季、游客年龄计算票价并输出。

● 相关知识

嵌套 if 语句基本概念：if 语句体中又出现了 if 语句，或 else 子句中又出现了 if 语句称为 if 语句的嵌套。

● 任务实施

1. 流程图（如图 4-12 所示）

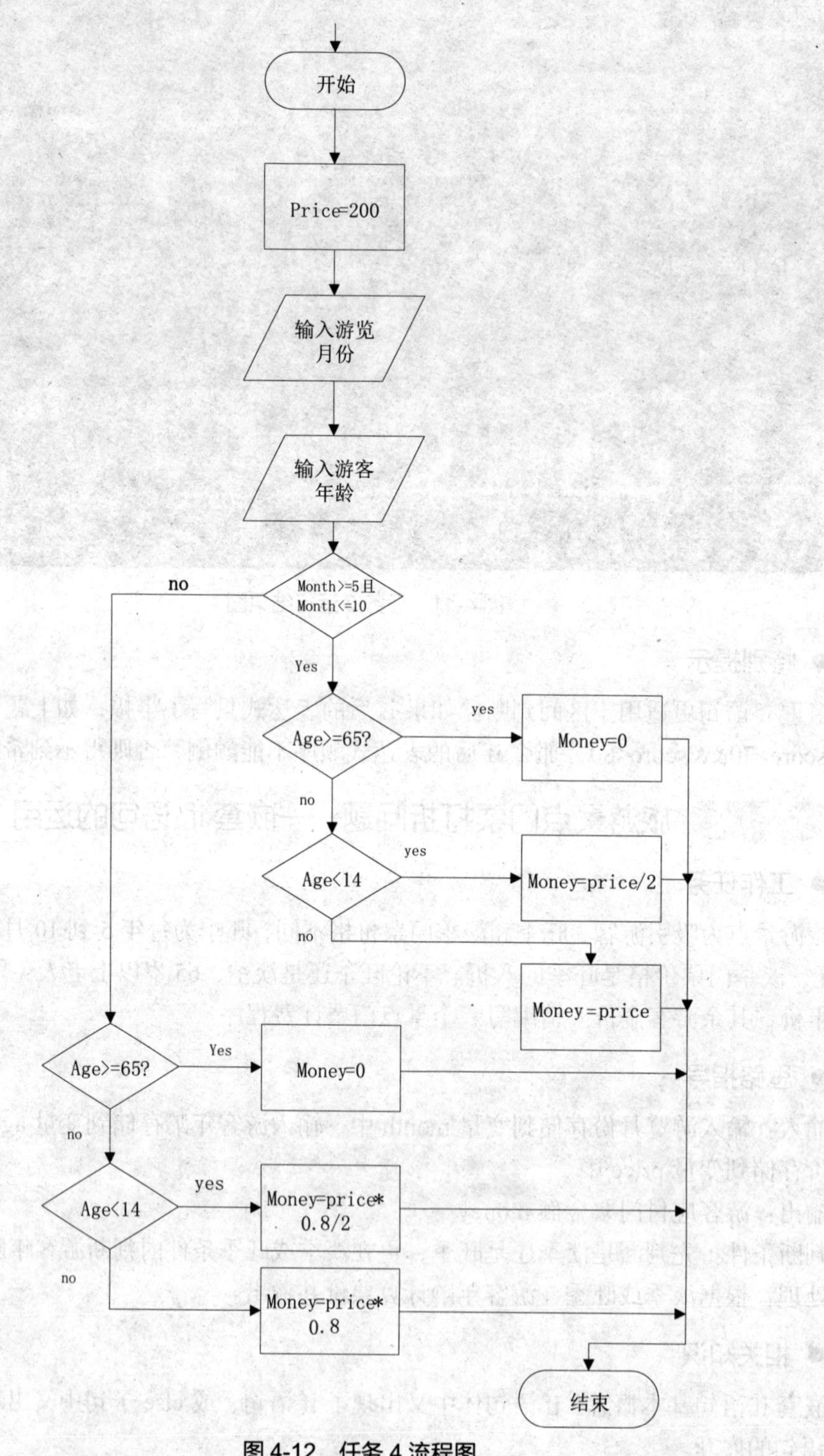

图 4-12 任务 4 流程图

2. 程序代码

```
#include <stdio.h>
void main()
{
int month,age;
float price=200,money;
printf("请输入游览月份：");
scanf("%d",&month);   //输入月份
printf("请输入游客年龄：");
scanf("%d",&age);   //输入游客的年龄
if(month>=5&&month<=10)   //是旅游旺季吗？
     if(age>=65) money=0;   //年龄是 65 岁以上吗？
     else if(age<14) money=price/2;   //年龄是 14 岁以下吗？
          else money=price;
else
     if(age>=65) money=0;
     else if(age<14) money=price*0.8/2;
          else money=price*0.8;
printf("该游客应购买门票价格为%.2f 元",money);
}
```

程序运行结果如图 4-13 所示。

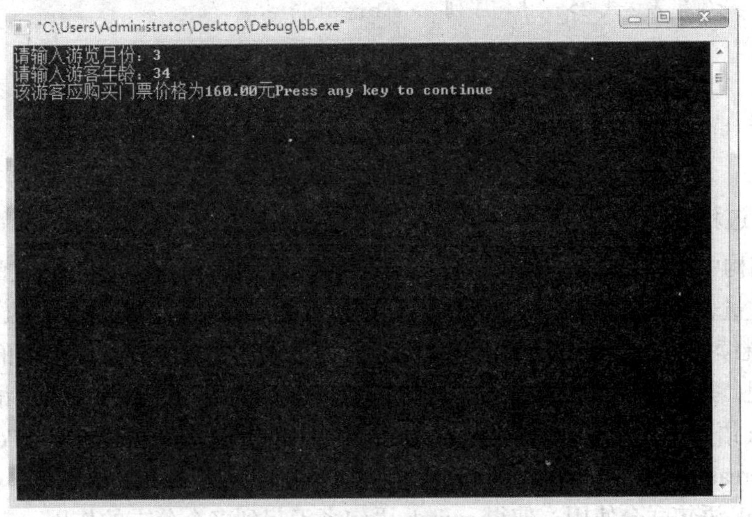

图 4-13 任务 4 运行结果图

● 特别提示

（1）嵌套 if 语句的使用非常灵活，不仅单分支的 if 可以嵌套，其他形式的 if 语句都可以嵌套。被嵌套的 if 语句本身又可以是一个嵌套的 if 语句，称为 if 语句的多重嵌套。

（2）在多重嵌套的 if 语句中 else 总是与离它最近并且没有与其他 else 配对的 if 配对。

任务 5 设计一个小型计算器——switch 语句的运用

● 工作任务

日常生活中我们经常会遇到一些小型计算问题，如进行简单的加、减、乘、除等运算。下面我们设计一个简单的计算器，用以实现如上的数学运算。

● 思路指导

输入：输入进行的计算类型存储到变量 n 中，输入的两个数据分别存储到 a 和 b 两个变量中。

输出：根据不同的计算得出计算结果。

条件判断：根据输入的 n 值的不同进行判断。

处理：根据不同的 n 进行不同的运算。

● 相关知识

1. switch 语句

switch 语句属于多分支选择结构，和多分支 if 语句的功能基本相同，也用来处理程序中出现的多分支情况。switch 语句通常适用于条件表达式的取值为多个离散而不连续的整型值（或字符型值）的情况，来实现多分支选择结构。

2. switch 语句语法格式

```
switch(<表达式>)
  {case  <常量表达式 1>:<语句序列 1> [break];
   case  <常量表达式 2>:<语句序列 2> [break];
   …
   case  <常量表达式 n>:<语句序列 n> [break];
  [default: <语句序列 n+1>]
  }
```

3. 执行过程

switch 结构中没有 break 的执行过程：首先计算<表达式>的值，当表达式的值与某一个 case 后面的常量表达式的值相等（匹配）时，则执行此 case 后的语句序列，执行完后，转到下一个 case 继续执行，直到 switch 语句体结束。如果表达式的值与 case 后面的常量表达式的值都不匹配，并且存在 default 标号，则执行 default 后的语句，直到 switch 语句体结束。

在 switch 语句中使用 break 语句：break 语句也称间断语句。可以在各个 case 之后的语句最后加上 break 语句，每当执行到 break 语句时，立即跳出 switch 语句体。switch 语句通常总是和 break 语句联合使用，使得 switch 语句真正起到多个分支的作用。

执行过程的流程图如图 4-14 所示。

● 任务实施

小型计算器的程序设计使用了多路分支语句（switch 语句），成品界面友好，操作简单，易于使用。

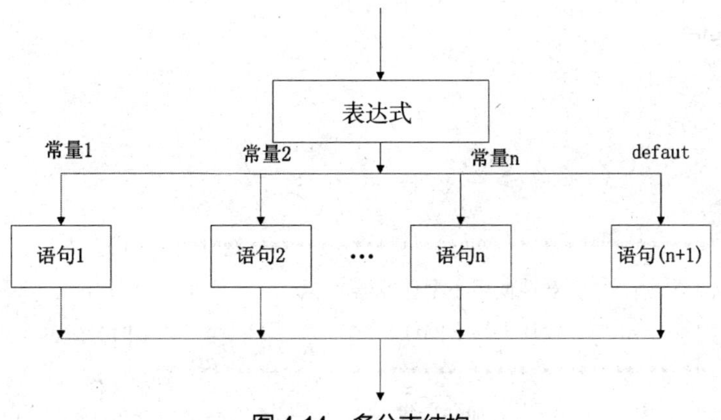

图 4-14　多分支结构

1. 流程图（如图 4-15 所示）

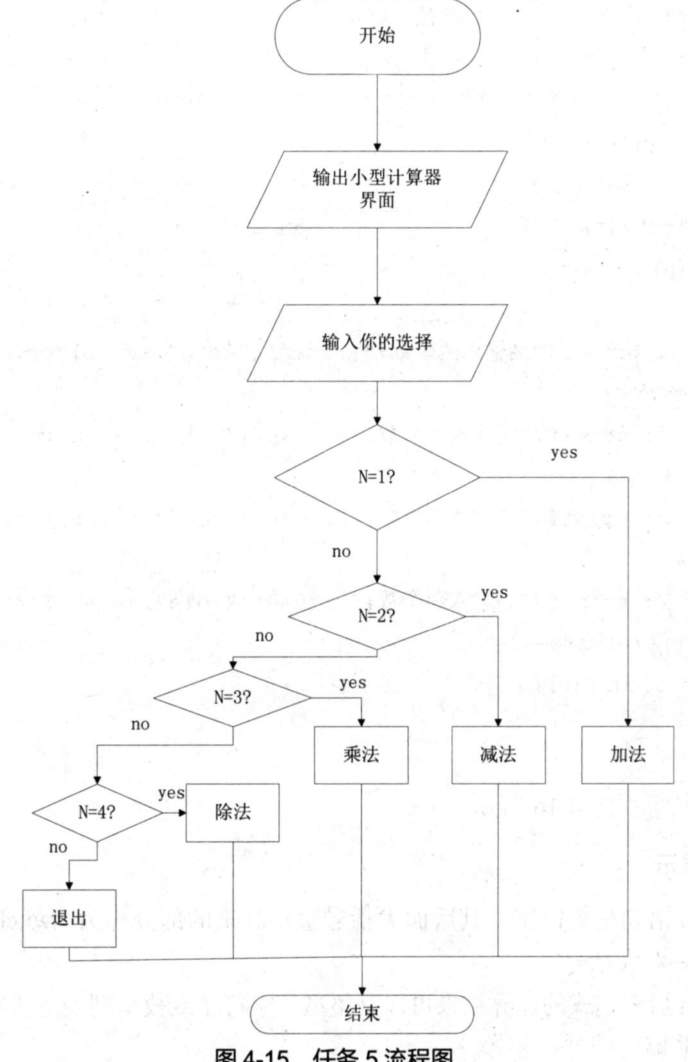

图 4-15　任务 5 流程图

2. 程序代码

```
#include <stdio.h>
void main()
{
  int a,b,n;
  printf("*********************************************\n");
  printf("           欢迎使用小型计算器              \n");
  printf("           设计人：李丽红                  \n");
  printf("*********************************************\n");
  printf("                1.加法运算                 \n");
  printf("                2.减法运算                 \n");
  printf("                3.乘法运算                 \n");
  printf("                4.除法运算                 \n");
  printf("                5.退出                     \n");
  printf("*********************************************\n");
  printf("\n");
  printf("请选择：");
  scanf("%d",&n);
  switch(n)
   {
     case 1:printf("请输入两个数:");scanf("%d%d",&a,&b);printf("两数相加是:
%d",a+b);break;
     case 2: printf("请输入两个数:");scanf("%d%d",&a,&b);printf("两数相减是:
%d",a-b);break;
     case 3: printf("请输入两个数:");scanf("%d%d",&a,&b);printf("两数相乘是:
%d",a*b);break;
     case 4: printf("请输入两个数:");scanf("%d%d",&a,&b);printf("两数相除是:
%6.2f",(float)a/b);break;
     case 5:exit(0);
   }
}
```

程序运行结果如图 4-16 所示。

● 特别提示

（1）switch 语句是关键字，其后面大括号里括起来的部分称为 switch 语句体。要特别注意必须写这一对大括号。

（2）switch 后表达式的运算结果可以是整型、字符型或枚举型表达式等，<表达式> 两边的括号不能省略。

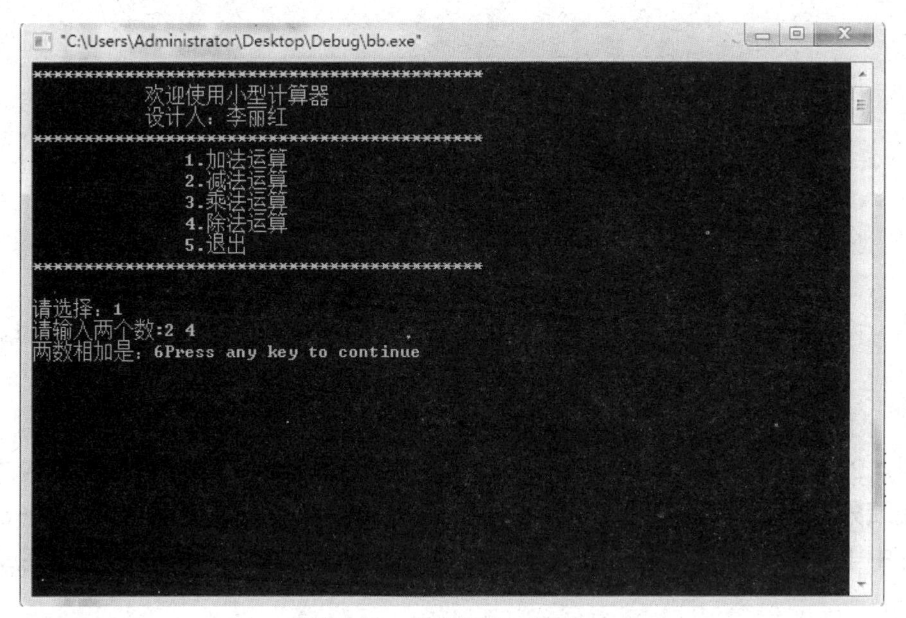

图 4-16　任务 5 运行结果图

（3）每一个 case 后的常量表达式的值必须互不相同。

（4）default 部分是可选的，且可以写在 switch 语句体中的任意位置，但可能会影响程序的运行结果。

例 4.1　通过键盘输入一个年份和月份，判断该月份为多少天（用 switch 语句完成，体会 break 的用法）。程序如下：

```
#include "stdio.h"
void main()
{
  int year,month,leap;
  printf("请输入一个年份");
  scanf("%d",&year);
  printf("请输入一个月份");
  scanf ("%d",&month);
  switch(month)
  {
      case 1:
      case 3:
      case 5:
      case 7:
      case 8:
      case 10:
      case 12: printf("该月为31天");break;
```

```
        case 4:
        case 6:
        case 9:
        case 11: printf("该月为30天");break;
        case 2: if((year%4==0)&&(year%100!=0)||(year%400==0))
                printf("该月为29天");
              else printf("该月为28天");
          break;
    }
  }
```

例 4.2　编写一个程序，要求输入一个学生的考试成绩，输出其分数和对应的等级。学生成绩分为 5 个等级：小于 60 分的为不及格；60~70 分之间的为及格；70~80 分之间的为中等；80~90 分之间的为良好；90 分以上的为优秀（用 switch 语句完成）。程序如下：

```
#include <stdio.h>
void main()
{
int score;
printf("请输入一个学生的成绩：");
scanf("%d",&score);
switch(score/10)
{
    case 10:
    case 9:printf("优秀");break;
    case 8:printf("良好");break;
    case 7:printf("中等");break;
    case 6:printf("及格");break;
    default: printf("不及格");break;
    }
}
```

拓展与提高

1. 条件运算符和条件表达式

条件运算符用“?:”来表示，它是 C 语言中唯一的一个三目运算符。条件表达式的一般形式为

```
表达式1?表达式2:表达式3
```

运算过程是：先计算表达式 1 的值，若为非零（真），计算表达式 2 的值，此时表达式 2 的值就是整个条件表达式的值；若表达式 1 的值为零（假），计算表达式 3 的值，此时表达式 3 的值就是整个条件表达式的值。

（1）表达式 2 和表达式 3 其中只能有一个被求解，不可能两个同时被求解，例如，a>b?a++:++b，其中 a=2，b=5，运算后，整个条件表达式的值是 6，而 a 的值还是 2，b 的值变成 6。

（2）条件运算符的优先级高于赋值运算符，但低于算术运算符、关系运算符和逻辑运算符，例如，max=x>y?x:y，其中 x=4，y=3，运算后，整个条件表达式的值为 4，最后赋值给变量 max。

（3）条件运算符的结合性为右结合，如，a>b?a:c>d?c:d 相当于 a>b?a:（c>d?c:d），其中 a=1，b=2，c=3，d=4，则整个条件表达式的值是 4。

2. 运算符的优先级和短路运算符

在 C 语言中&&、||也称作短路与，短路或，即在一个或多个&&相连的表达式中，只要第一个操作数为假，就不再运算其他操作数，整个表达式的结果为 0；而在一个或多个||相连的表达式中，只要第一个操作数为真，就不再运算其他操作数，整个表达式的结果为 1。

例 4.3 逻辑与和逻辑或运算的短路运算

```
#include <stdio.h>
void main()
{
  int x,y,z;
  x=y=z=-1;
  ++x&&++y||++z;    //逻辑与操作有短路运算
  printf("x=%d\ty=%d\tz=%d\n",x,y,z);
  x=y=z=-1;
  x++||++y||++z;    //逻辑或操作有短路运算
  printf("x=%d\ty=%d\tz=%d\n",x,y,z);
  x=y=z=-1;
  ++x&&++y&&++z;    //注意短路运算
  printf("x=%d\ty=%d\tz=%d\n",x,y,z);
}
```

程序运行结果为

```
x=0   y=-1  z=0
x=0   y=-1  z=-1
x=0   y=-1  z=-1
```

单元小结

本单元重点讨论了选择结构的用法，选择结构用以实现条件判断，在两个或多个情况中做出选择。简单 if 结构、if-else 结构、多重 if 结构和 switch 结构是 C 语言的选择结构语句，本单元结合有代表性的实例介绍，分析了选择结构语句的用法。通过本单元的学习，读者能够了解选择结构程序设计的特点和一般规律，编写程序时应从可读性和程序效率多方面进行综合考虑，使用合适的语句结构，以提高代码质量。

思考与训练

1. 讨论题

（1）嵌套 if 语句和多路分支 if 语句有何区别？举例说明在实际编程过程中，这两种选择依据能否用来解决相同的问题？

（2）条件表达式在有些情况下替换 if 语句为某个变量赋值，请问是否所有的选择结构语句均可以用条件表达式替换？如果能，举例说明怎样替换。

（3）多重 if 语句与 switch 语句能否相互替换？考虑其分别适用的场合。

2. 选择题

（1）逻辑运算符两侧运算对象的数据类型（　　）。

A．只能是 0 或 1　　　　B．只能是 0 或非 0 正数

C．只能是整型或字符型数据　　　　D．可以是任意类型的数据

（2）判断 char 型变量 ch 是否为大写字母的正确表达式是（　　）。

A．'A'<=ch<='Z'　　　　B．(ch>='A')& (ch<='Z')

C．(ch>='A')&& (ch<='Z')　　　　D．(ch>='A')AND(ch<='Z')

（3）已知 int x=10,y=20,z=30;，以下语句执行后 x、y、z 的值是（　　）。

```
if(x>y)
z=x;x=y;y=z;
```

A．x=10,y=20,z=30　　　　B．x=20,y=30,z=30

C．x=20,y=30,z=10　　　　D．x=20,y=30,z=20

（4）当 a=1,b=3,c=5,d=4 时，执行完下面的程序段后，x 的值是（　　）。

```
if(a<b)
if(c<d)
else if(a<c)
    if(b<d) x=2;
    else  x=3;
```

```
    else x=6;
else  x=7;
```

A. 1　　B. 2　　C. 3　　D. 6

3. 分析程序并上机操作

（1）下列程序的运行结果是什么？

```
main()
{
    int x,y,z;
    x=y=z=1;
    --x&&--y||--z;
    printf("x=%d\ty=%d\tz=%d\n",x,y,z);
    x=y=z=-1;
    ++x||++y||++z;
    printf("x=%d\ty=%d\tz=%d\n",x,y,z);
    x=y=z=0;
    x--&&++y&&++z;
    printf("x=%d\ty=%d\tz=%d\n",x,y,z);
}
```

（2）下列程序的运行结果是什么？

```
main()
{
    int a=1,b=0;
    switch(a)
{
    case 1:
    switch(b)
{
    case 0:printf("**0**");break;
    case 1: printf("**1**");break;
}
    case 2: printf("**2**");break;
}
}
```

4. 编程题

（1）编写程序，判断通过键盘输入的字符属于哪一类字符（大写字母、小写字母、数字或其他字符）。

（2）假设国家对个人收入所得税起征点为1600元，超过部分要征收个人所得税，超过

500 到 2000 的部分征收 5%，2000 到 5000 的部分征收 10%，5000 到 20000 的部分征收 15%。编写程序输入个人当月税前收入，计算个人所得税及个人实际收入。

（3）从键盘输入 3 个数据，然后按照从小到大的顺序输出。

（4）某厂对产品进行分级，产品性能在 90 分以上，则该产品定为 A 级产品；性能在 80~89 分，则定为 B 级产品；如果性能得分为 60~79 分之间，则定为 C 级；产品性能在 60 分以下，则该产品定为 D 级产品。试编写一程序实现对该厂产品的分级评定。

第5单元 循环结构程序设计

问题引入

上一单元，我们学习了运用选择结构程序设计语句完成判断和选择的方法。通常情况下我们的判断可以是多次的，即循环判断，如小型计算器可以重复计算多次，可以为多个人预测身高，可以判断任意一个年份是否为闰年等。有关循环的例子还有很多，在自然界中，地球绕太阳旋转、每年的四季更替；在生活中，运动的车轮、旋转的电扇等都为循环。

我们经常会对输入的多个数据应用相同的计算，使用循环语句就解决了繁琐的重复问题。如果程序中有需要多次执行的语句组，就进行循环结构程序设计。

循环结构是结构化程序设计的三种基本结构之一，循环语句序列可重复执行，直到某条件不成立（或成立）结束，或完成指定的次数。循环结构的编写由循环语句来完成，有时我们还希望控制循环的进入和退出，所以还会使用一些循环控制语句。本单元的5个典型任务讲解和分析了在C语言程序中循环结构的程序设计方法。

知识目标

1．了解循环结构设计方法
2．熟练掌握当型循环 while 语句
3．熟练掌握直到型循环 do-while 语句
4．熟练掌握循环 for 语句
5．掌握控制循环 break 和 continue 语句
6．了解循环嵌套程序结构

技能目标

1．学会循环结构程序设计的方法与步骤
2．能够运用 while 语句进行循环结构程序设计
3．能够运用 do-while 语句进行循环结构程序设计
4．能够运用 for 语句进行循环结构程序设计
5．能够运用 break 和 continue 语句控制循环

6．综合运用 3 种循环语句进行嵌套循环结构程序设计

任务 1　歌唱比赛计算平均分——while 语句的运用

反复执行的程序段（语句序列）称为循环体，给定的条件称为循环条件。C 语言提供了 3 种循环语句：while、do-while 和 for 语句，利用它们可以组成各种不同形式的循环结构。本任务介绍 while 循环语句的使用。

● 工作任务

学院举办了一次小型歌唱比赛，邀请各系组织选手并推选评委。比赛时，一支参赛队伍演唱完毕，由评委打分，最终成绩是所有评委的平均分。

设评委人数不固定，由输入的评委人数决定，每个评委打分后进行求和，如果打分次数和评委人数不相等则继续打分和求和，打分结束后计算平均分，最后输出最终成绩。

● 思路指导

输入：评委人数（int n）。

次数统计：计数器（int i）。

循环：循环条件——i<=n;

循环任务——输入评委打分 0~100 分之间（int scr），求和（int sum）；打分次数 i 增 1。

求平均分：平均分（int ave），ave=sum/n。

输出：平均分，即选手比赛成绩。

● 相关知识

（一）循环概述

循环结构是结构化程序设计的基本结构之一，它与顺序结构、选择结构共同作为各种复杂程序的基本结构。

（二）解决循环问题的基本步骤和方法

循环要完成的任务主要有 3 个。

（1）循环需要确定重复执行的次数，因此要设计一个循环变量，并对它进行初始化。

（2）设计循环条件，即循环变量的终值，控制循环的结束。

（3）设计循环反复执行的任务，即循环体。

（三）当型循环 while 语句

1．while 语句的语法格式

```
while (表达式)
      {循环语句组}
```

2．while 语句的执行过程

当表达式的值为真 true（非 0）时，执行 while 语句中的循环语句组，否则执行循环体

后续语句，while 语句结构如图 5-1 所示。

3．while 语句的进一步说明

（1）循环体如果包含一个以上的语句，应该用大括号括起来，以复合语句的形式出现。

（2）在循环中应有使循环趋向于结束的语句，即设置修改条件的语句。例如本任务中的次数变量 i++;。

（3）while 语句的特点是先判断表达式的值，然后决定是否执行循环体中的语句。如果表达式的值一开始为假（即值为 0），则退出循环，并转入循环体的后续语句执行；如果表达式的值始终为真（即值为 1），则是永久循环（死循环）。

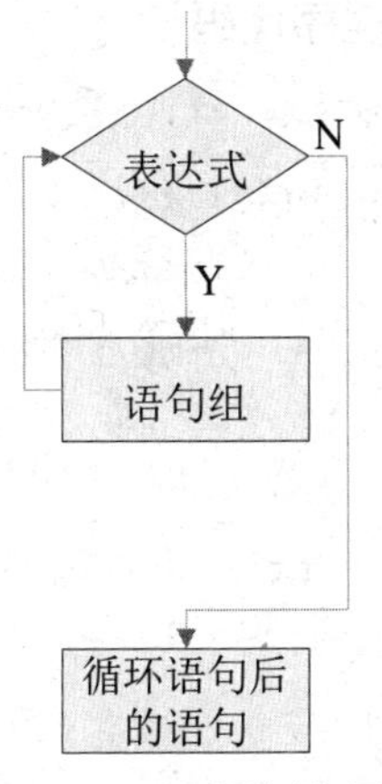

图 5-1　while 语句流程图

● 任务实施

1．流程图（如图 5-2 所示）

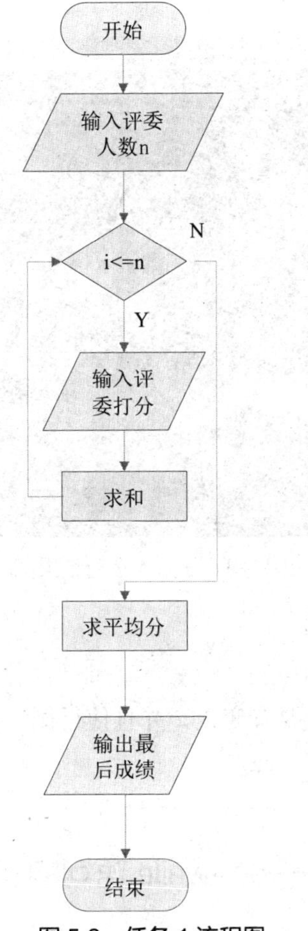

图 5-2　任务 1 流程图

2. 程序代码

```
#include <stdio.h>
void main( )
{int n,i=1,scr,sum=0,ave;
 printf("请输入评委的人数：");
 scanf("%d",&n);
 while(i<=n)                    //循环输入打分并求和
 {printf("请为参赛队打分：0~100 之间");
scanf("%d",&scr);
sum+=scr;
i++; }
ave=sum/n;
printf("参赛队最终成绩是评委打分平均分：%d",ave);
}
```

程序运行结果如图 5-3 所示。

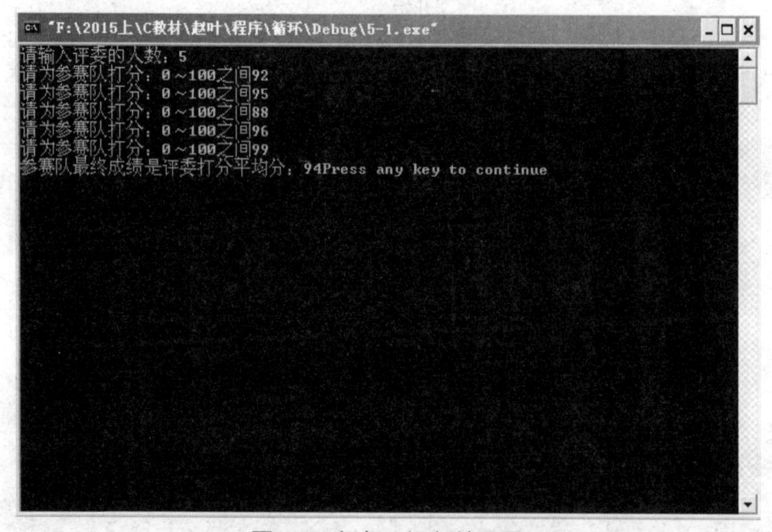

图 5-3　任务 1 运行结果图

● 特别提示

（1）循环变量要有初值。

（2）在循环体中，循环变量要有变化，并且使得循环条件可以为假，以跳出循环，避免出现“死循环”。

（3）打分和 sum 初值为 0。

任务 2　翻牌游戏——do-while 语句的运用

● 工作任务

有这样的一个纸牌小游戏，三个人一起玩，不分花色，一人选择奇数牌，一人选择偶数牌，一人负责唱分，A 为 1 分……K 为 13 分，直到两人中某人抽到大王或小王（按 0 分对待）游戏结束，最终两人积分高者胜出。试用 C 语言编写程序模拟此游戏。

● 思路指导

循环输入：由唱分人负责输入分值。

循环条件：不是大小王（0 分）。

输出：两人总得分。

判断输赢：比较奇数和和偶数和的大小。

● 相关知识

1.“直到型”循环 do-while 语句

do-while 语句语法格式：

```
do
  {循环语句组}
While(表达式);
```

2. do-while 语句执行过程

先执行一次指定的循环体语句，然后判断表达式的值，当表达式的值为非 0 时，返回重新执行该语句，如此反复，直到表达式的值等于 0 为止，此时循环结束。

do-while 语句结构如图 5-4 所示。

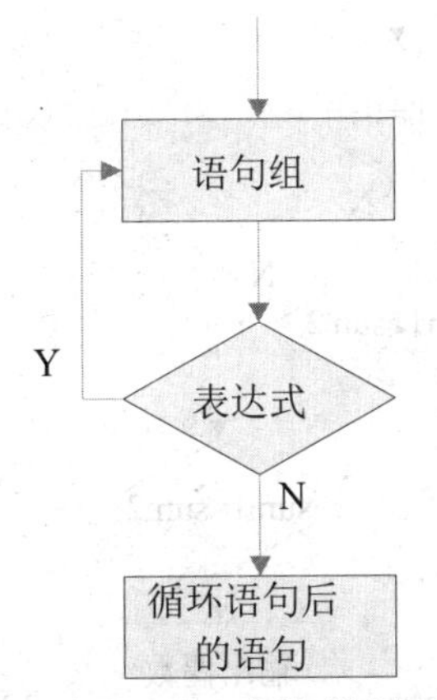

图 5-4 do-while 语句流程图

3. do-while 语句进一步说明

（1）do-while 语句是先执行语句序列一次，后判断表达式的值。

（2）如果 do-while 语句的循环体部分是由多个语句组成，则必须用左右大括号括起来，使其形成复合语句。

（3）书写时不要忘记 while 圆括号后面有一个分号“;”。

● 任务实施

1. 流程图（如图 5-5 所示）

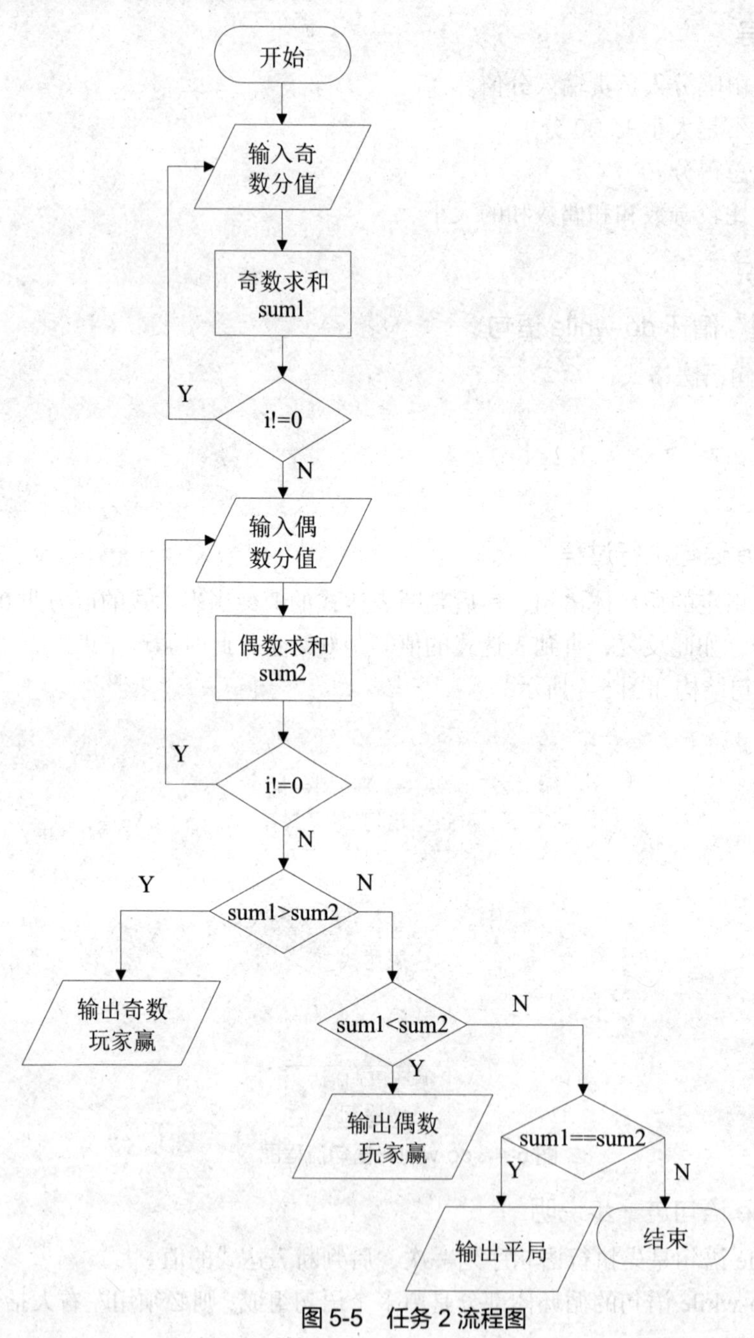

图 5-5　任务 2 流程图

2. 程序代码

```
#include <stdio.h>
void main()
{
```

```
inti,k,sum1=0,sum2=0;
do                                  //循环
{printf("请输入玩家奇数分值");
 scanf("%d",&i);                    //输入
 if ( i%2!=0)                       //奇数分值求和
sum1+=i;
}while(i!=0);
do                                  //循环
{printf("请输入玩家偶数分值");
 scanf("%d",&k);                    //输入
 if ( k%2==0)                       //偶数分值求和
 sum2+=k;
}while(k!=0);
printf("奇数分值是:%d 偶数分值是:%d",sum1,sum2);
if (sum1>sum2)
  printf("奇数玩家赢! ");
else
  if (sum1<sum2)
    printf("偶数玩家赢! ");
  else
    if (sum1==sum2)
      printf("平局! ");
}
```

程序运行结果如图 5-6 所示。

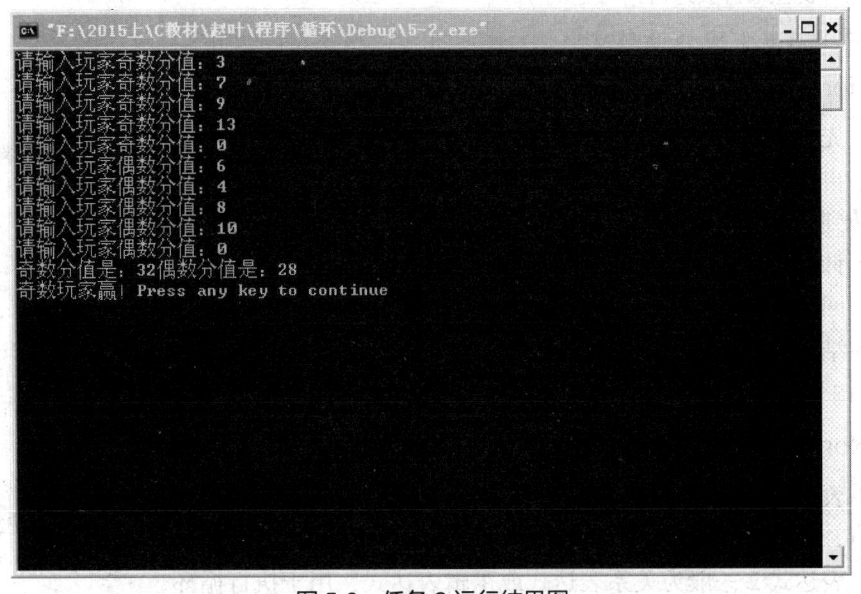

图 5-6　任务 2 运行结果图

● 特别提示

while 语句和 do-while 语句的区别：在循环条件和循环体相同的情况下，while 后面的表达式第一次的值为“真”时，两种循环得到的结果相同；当 while 后面的表达式第一次的值为“假”时，while 语句一次也不执行，而 do-while 语句可以顺利执行一次。

任务 3 彩票中奖——for 语句的运用

● 工作任务

设计一个小型模拟彩票中奖机，已知彩票中奖号码是一个固定的三位数（原始号码）。对任意一个三位数，取出它的每位数字和原始号码的每位数字比较，共有 1 位数相同中三等奖，2 位数相同中二等奖，3 位数都相同中一等奖。在所有的三位数中进行比较，输出所有中奖数字。

● 思路指导

初始化：原始号码 123。

循环：循环变量 i 是 100 ~ 999 的数字，个位 a=i%10，十位 b=i/10%10，百位 c=i/100%10。

计数器：k。

条件判断：判断 a，b，c 是否为 1，2，3，有一个相等则 k++。

条件输出：判断 k=1 输出“三等奖+数字”；

k=2 输出“二等奖+数字”；

k=3 输出“一等奖+数字”。

● 相关知识

1. for 语句语法格式

```
for (表达式 1;表达式 2;表达式 3)
{循环语句组}
```

2. for 语句执行过程

（1）先计算表达式 1 的值。

（2）再计算表达式 2 的值。若其值为真，则执行循环体一次；否则跳转到第（5）步。

（3）计算表达式 3 的值。

（4）回转到上面第（2）步。

（5）结束循环，执行 for 语句的后续语句。

for 语句结构如图 5-7 所示。

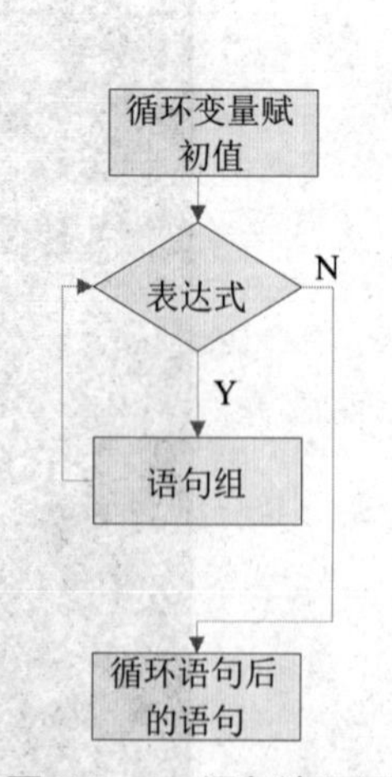

图 5-7 for 语句流程图

3. for 语句说明

（1）表达式 1 一般为赋值表达式，用于进入循环之前给循环变量赋初值，后面用“;”分隔。

（2）表达式 2 一般为关系表达式或逻辑表达式，用于执行循环的条件判定，它与 while、do-while 循环中的表达式作用完全相同，后面用“;”分隔。

（3）表达式 3 一般为赋值表达式或自增（i=i+1 可表示成 i++）、自减（i=i–1 可表示成 i--）表达式，用于修改循环变量的值。

（4）如果循环体部分是多个语句组成的，则必须用大括号括起来，使其成为一个复合语句。

● 任务实施

1. 流程图（如图 5-8 所示）

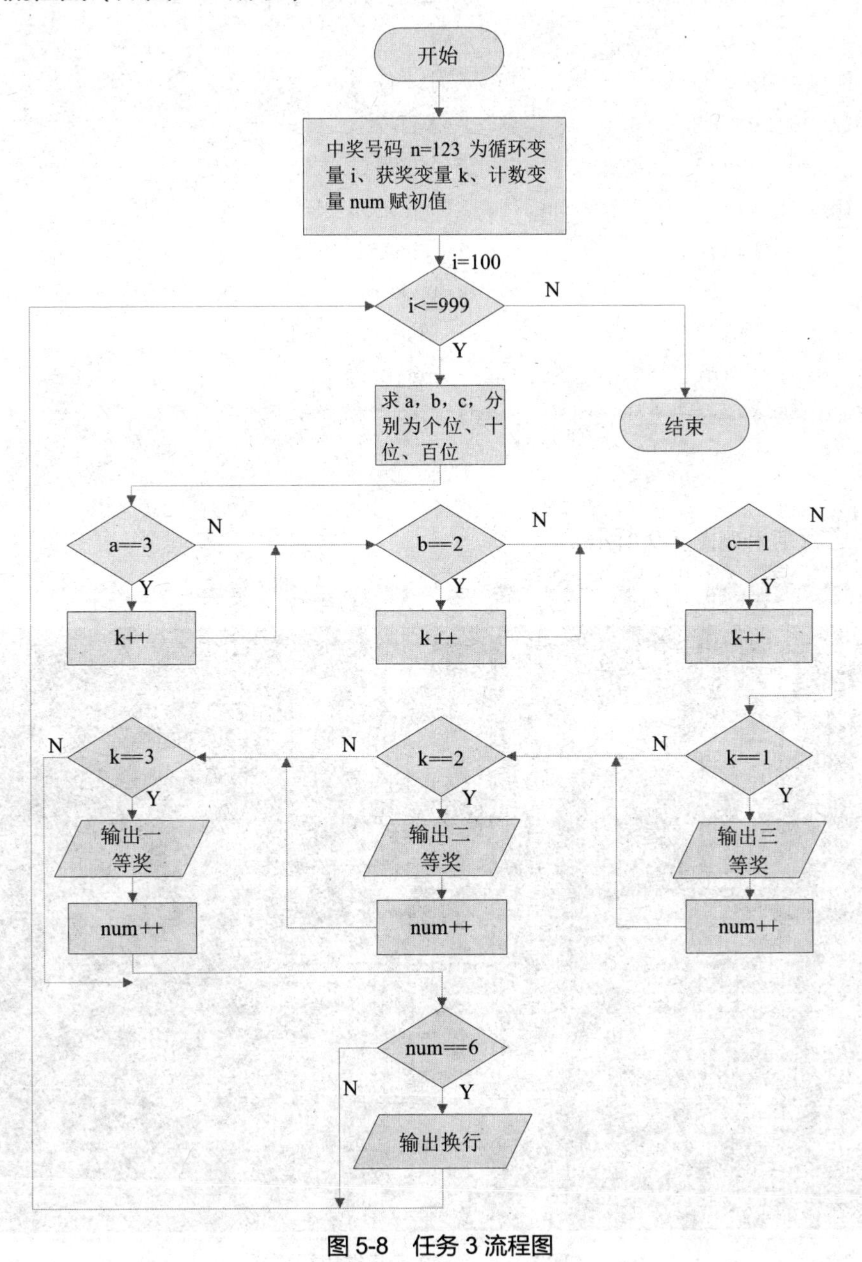

图 5-8　任务 3 流程图

2. 程序代码

```
#include <stdio.h>
void main()
{
int i,a,b,c,k=0,num=0;
int n=123;                          //中奖原始号码
printf("输出所有中奖号码：\n");
for(i=100;i<=999;i++)              //循环判断三位数中中奖数字
{ a=i%10;                           //求个位
 b=i/10%10;                         //求十位
 c=i/100%10;                        //求百位
 if( a==3) k++;                     //个位是 3，k=1
 if(b==2) k++;                      //十位是 2，k=2
 if(c==1) k++;                      //百位是 1，k=3
 if(k==1){printf("三等奖%-5d",i);num++;k=0;}    //根据 k 的值判定获奖等级
 if(k==2){printf("二等奖%-5d",i); num++;k=0;}
 if(k==3){printf("一等奖%-5d",i); num++;k=0;}
 if(num==6){printf("\n"); num=0;}               //一行显示 6 个数字
  }
}
```

程序运行结果如图 5-9 所示。

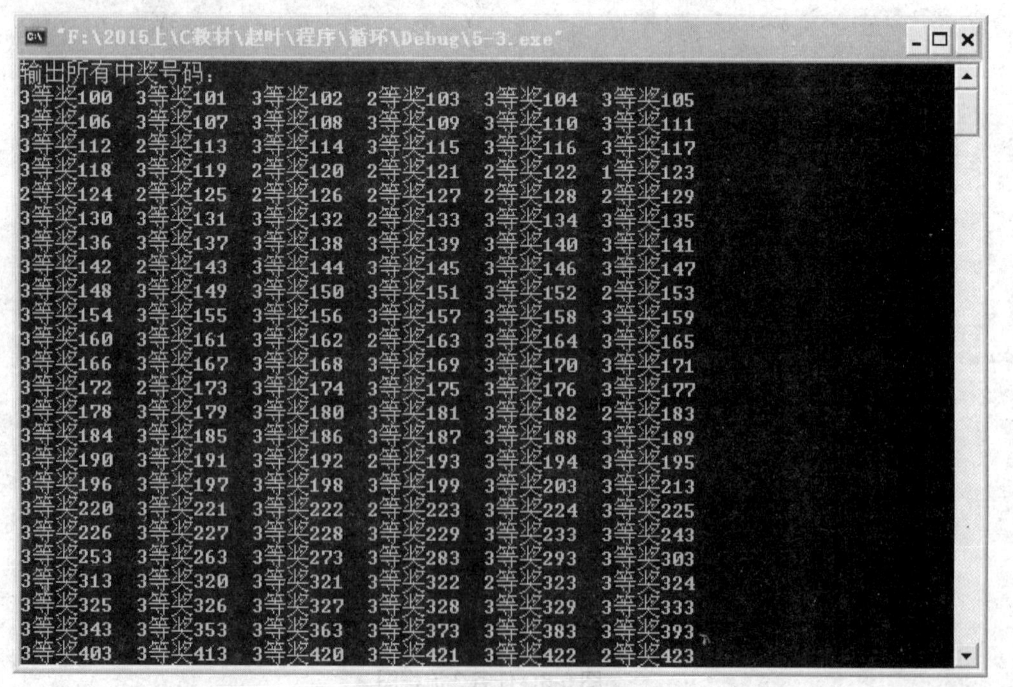

图 5-9 任务 3 运行结果图

● 特别提示

（1）for 语句的一般形式中的“表达式 1”可以省略。但要注意省略表达式 1 时，其后的分号不能省略。例如：

```
i=1;
for (;i<=100;i++)
      sum=sum+i;
```

（2）如果省略表达式 2，即表示表达式 2 的值始终为真，循环将无终止地进行下去。例子如下。

```
for (i=1;;i++)
printf ("%d",i);
```

（3）如果省略表达式 3，也将产生一个无穷循环，因此，应另外设法保证循环能正常结束。可以将循环变量的修改部分（即表达式 3）放在循环语句中控制。例如：

```
for (i=1;i<=100;)
     { printf ("%d",i);
     i++;
     }
```

（4）可以同时省略表达式 1 和表达式 3，即省略了循环的初值和循环变量的修改部分，此时完全等价于 while 语句。例如：

```
i=1;
for (;i<=10;)
      { printf ("%d",i);
          i++;
      }
```

任务 4 九九乘法表——循环嵌套的运用

● 工作任务

小学生的乘法口诀 “九九乘法表”是一个 9 行 9 列的表格，行和列均从 1 变化到 9，如表 5-1 所示。

表 5-1 九九乘法表

	1	2	3	4	5	6	7	8	9
1	1×1=1	2×1=2	3×1=3	4×1=4	5×1=5	6×1=6	7×1=7	8×1 =8	9×1=9
2	1×2=1	2×2=4	3×2=6	4×=8	5×2=10	6×2=12	7×2=14	8×2=16	9×2=18
3	1×3=3	2×3=6	3×3=9	4×3=12	5×3=15	6×3=18	7×3=21	8×3=24	9×3=27
4	1×4=4	2×4=8	3×4=12	4×4=16	5×4=20	6×4=24	7×4=28	8×4=32	9×4=36
5	1×5=5	2×5=10	3×5=15	4×5=20	5×5=25	6×5=30	7×5=35	8×5=40	9×5=45
6	1×6=6	2×6=12	3×6=18	4×6=24	5×6=30	6×6=36	7×6=42	8×6=48	9×6=54

续表

	1	2	3	4	5	6	7	8	9
7	1×7=7	2×7=14	3×7=21	4×7=28	5×7=35	6×7=42	7×7=49	8×7=56	9×7=63
8	1×8=8	2×8=16	3×8=24	4×8=32	5×8=40	6×8=48	7×8=56	8×8=64	9×8=72
9	1×9=9	2×9=18	3×9=27	4×9=36	5×9=45	6×9=54	7×9=63	8×9=72	9×9=81

● 思路指导

行：变量 int i，i 从 1 ~ 9 循环变化。

列：变量 int j，j 从 1 ~ 9 循环变化。

输出：j，i，j*i。

一行输出完毕回车，进行下一行的输出。

● 相关知识

一个循环体内又包含另一个完整的循环结构，称为循环的嵌套。内嵌的循环中还可以嵌套循环，这就是多层循环。

3 种循环——while 循环、do-while 循环和 for 循环——可以互相嵌套。

● 任务实施

1．流程图（如图 5-10 所示）

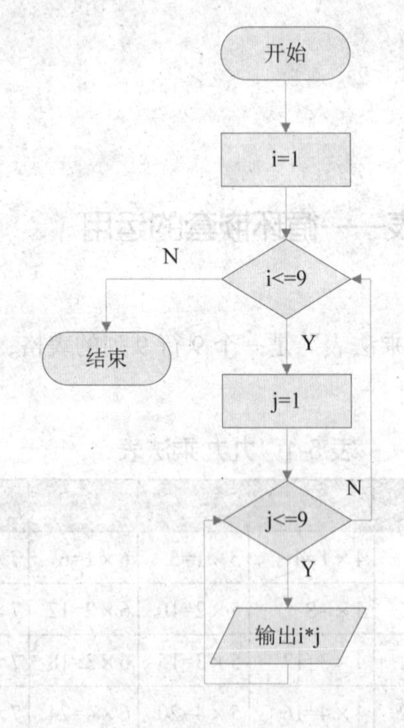

图 5-10　任务 4 流程图

2. 程序代码

```
#include <stdio.h>
void main ()
 {
   int i,j;
   printf ("满九九乘法表：\n");
   for (i=1;i<=9;i++)                          //外循环变量 i
     {for (j=1;j<=9;j++)                       //内循环变量 j
           printf ("%d*%d=%-4d",j,i, i*j);  //输出 i*j
     printf ("\n");
   }
}
```

程序运行结果如图 5-11 所示。

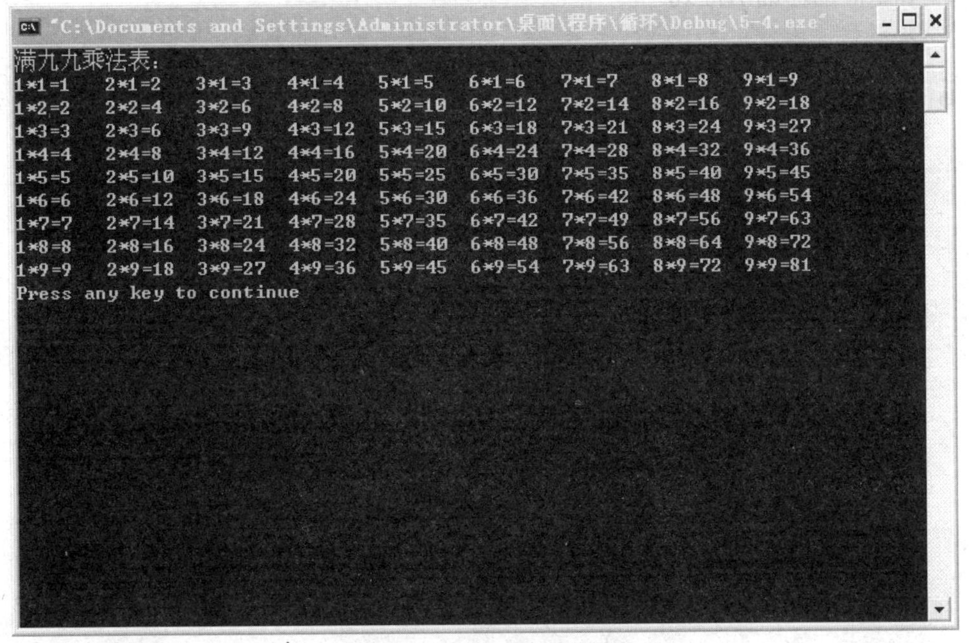

图 5-11 任务 4 运行结果图

- **特别提示**

（1）循环嵌套需要注意内外循环的关系，上题先进入外循环执行，内循环执行完毕，执行输出回车，外循环方执行一次完毕，进入下一次外循环的执行。

（2）注意输出回车语句所在的位置，在外循环内与内循环并列。

任务 5 找朋友——break 语句的运用

- **工作任务**

日常生活中我们玩过找朋友的游戏。一个同学在一群同学中找朋友，找到朋友后换下一个同学再找朋友。现在我们设计一个找字母朋友的游戏，从键盘输入字符 ch，如果输入的 ch 是字母则输出找到的字母朋友 ch，如果输入不是字母则结束游戏。

● 思路指导

while 循环。

输入：输入字符。

处理：如果是字母朋友，输出找到的 ch 字母继续循环。

循环结束：如果输入不是字母则结束循环。

● 相关知识

1. break 语句

该语句可以使程序运行时中途跳出循环体，即强制结束循环，接着执行循环体的后续语句。

2. break 语句语法格式

```
Break;
```

● 任务实施

1. 流程图（如图 5-12 所示）

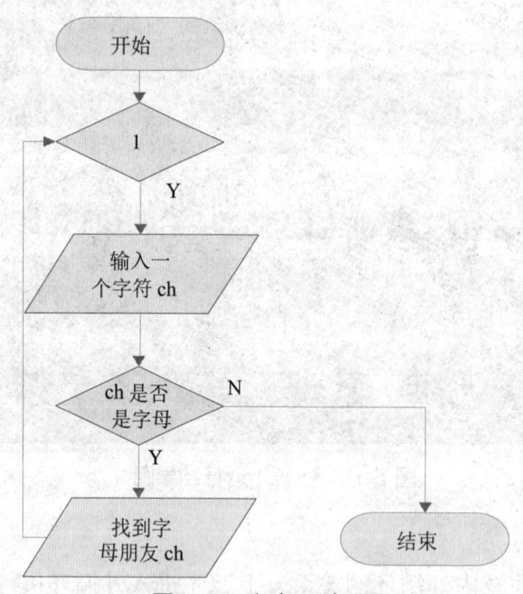

图 5-12 任务 5 流程图

2. 程序代码

```
#include <stdio.h>
void main()
{  char ch;
   while(1)                          //循环
```

```
{printf("请输入要找的朋友: ");
 ch=getchar();                        //输入字符
 getchar();
 if(ch>='a'&&ch<='z'||ch>='A'&&ch<='Z')     //判断是否是字母朋友
     printf("找到字母朋友%c\n",ch);
 else
  { printf("不是字母朋友，退出游戏! \n");   //不是字母，退出
  break;}
}
}
```

程序运行结果如图5-13所示。

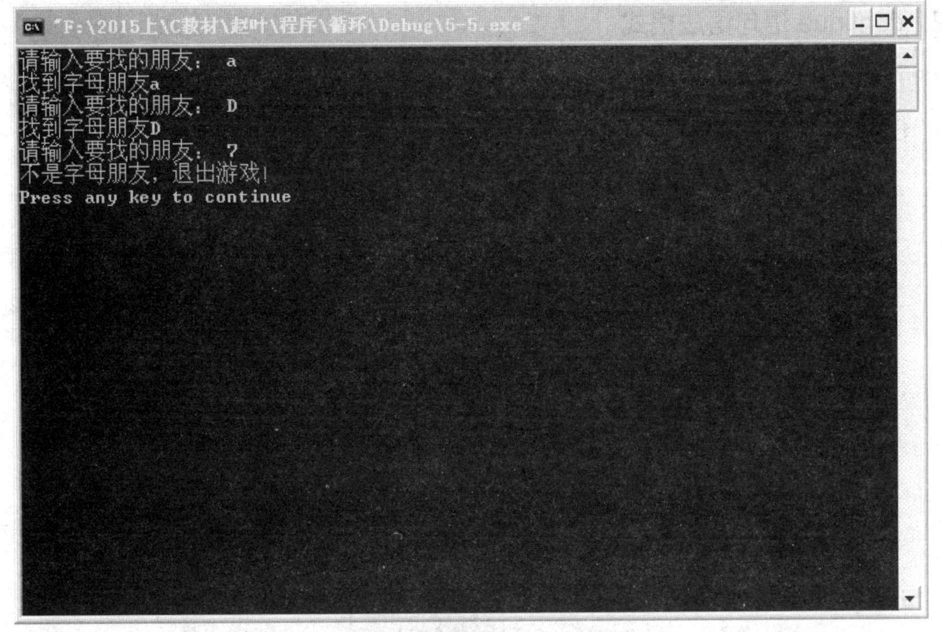

图5-13 任务5运行结果图

● 特别提示

(1) while(1)是永久循环，即死循环。

(2) 如果输入的字符是字母朋友，则继续循环输入找下一个朋友。如果不是字母则用break语句强制结束循环。

任务6 猜数游戏——continue语句的运用

● 工作任务

我们现在再玩一个猜数游戏。请玩家输入一个猜的数，范围是0到9，然后猜出100以内能被这个输入的数字整除且个位数也是这个数字的所有整数。输出所有猜的数，游戏结束。

● 思路指导

输入要猜的数字：int n;。

for 循环：十位数作为循环变量，初值 0，终值 9。

计算该数：j=i*10+n。

条件判断：如果 j 不能被 n 整除，则继续循环不输出；如果 j 能被 n 整除则输出该数。

循环结束：输出“猜数完毕！”。

● 相关知识

1. continue 语句

结束本次循环，即不再执行循环体中 continue 语句下面尚未执行的语句，而进行下一次是否执行循环的判定。

2. continue 语句语法格式

```
continue;
```

● 任务实施

1. 流程图（如图 5-14 所示）

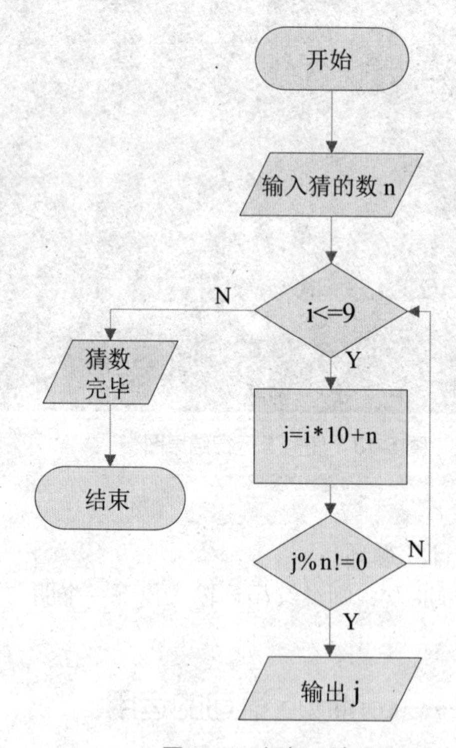

图 5-14　任务 6 流程图

2. 程序代码

```
#include <stdio.h>
void main( )
{  int n,i,j;
  printf("**********猜数游戏**********\n");
  printf("请输入猜的数 1~9:");
  scanf("%d",&n);                    //输入要猜的数 n
  printf("请猜出 100 以内能被%d 整除且个位数也是%d 的所有整数: \n",n,n);
  for(i=0;i<=9;i++)                  //循环变量 i 作为十位数
   {j=i*10+n;                        //求得个位是 n 的两位数
    if(j%n!=0) continue;             //判断该两位数是否能被 n 整除
    printf("%d\n",j);}
    printf("猜数完毕! ");
 }
```

程序运行结果如图 5-15 所示。

图 5-15 任务 6 运行结果图

● 特别提示

（1）因为个位数是 4，所以将十位数作为循环变量。

（2）循环体中先计算出要猜的数，然后判断该数是否能被 4 整除，不能整除用 continue 语句猜下一个数，不用执行本次循环的输出语句。

（3）思考：如果此题玩家想重复猜数怎么办？提示：使用循环嵌套完成。

拓展与提高

1. 输出简化九九乘法表

我们前面输出的是满九九表的形式，但通常我们常见的是如表 5-2 所示的简化九九乘法表。

表 5-2　简化九九乘法表

1×1=1								
1×2=2	2×2=4							
1×3=3	2×3=6	3×3=9						
1×4=4	2×4=8	3×4=12	4×4=16					
1×5=5	2×5=10	3×5=15	4×5=20	5×5=25				
1×6=6	2×6=12	3×6=18	4×6=24	5×6=30	6×6=36			
1×7=7	2×7=14	3×7=21	4×7=28	5×7=35	6×7=42	7×7=49		
1×8=8	2×8=16	3×8=24	4×8=32	5×8=40	6×8=48	7×8=56	8×8=64	
1×9=9	2×9=18	3×9=27	4×9=36	5×9=45	6×9=54	7×9=63	8×9=72	9×9=81

程序实现如下：

```
#include <stdio.h>
void main ()
  {
   int i, j;
    printf("输出简化九九乘法表：\n");
    for (i=1;i<=9;i++)
    { for (j=1;j<=i;j++)
          printf ("%d*%d=%-4d",j,i,i*j);
      printf ("\n");
    }
  }
```

程序运行结果如图 5-16 所示。

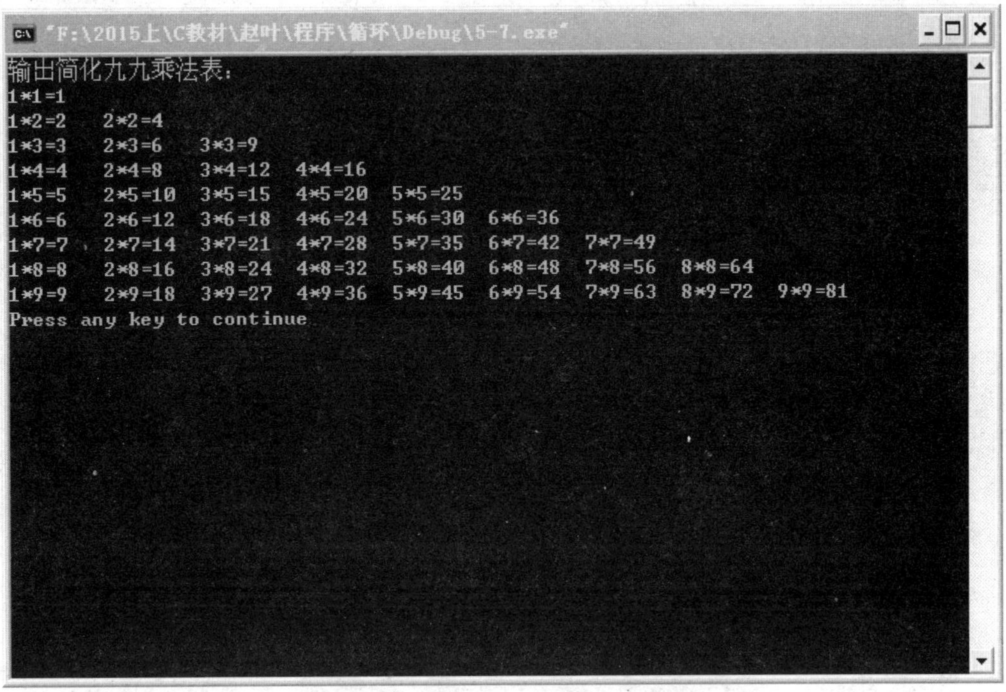

```
"F:\2015上\C教材\赵叶\程序\循环\Debug\5-7.exe"
输出简化九九乘法表：
1*1=1
1*2=2   2*2=4
1*3=3   2*3=6   3*3=9
1*4=4   2*4=8   3*4=12  4*4=16
1*5=5   2*5=10  3*5=15  4*5=20  5*5=25
1*6=6   2*6=12  3*6=18  4*6=24  5*6=30  6*6=36
1*7=7   2*7=14  3*7=21  4*7=28  5*7=35  6*7=42  7*7=49
1*8=8   2*8=16  3*8=24  4*8=32  5*8=40  6*8=48  7*8=56  8*8=64
1*9=9   2*9=18  3*9=27  4*9=36  5*9=45  6*9=54  7*9=63  8*9=72  9*9=81
Press any key to continue
```

图 5-16　简化九九乘法表运行结果图

2. 输出 3000 年以内的所有闰年

必备的基础知识：一年中 1、3、5、7、8、10、12 月都是 31 天，4、6、9、11 月都是 30 天；2 月闰年 29 天，非闰年 28 天；闰年一年 366 天，非闰年一年 365 天。

判断闰年：能被 4 整除同时不能被 100 整除的年份，或者能被 400 整除的年份，即：

```
if(((year%4 == 0)&&(year%100 != 0)) || (year%400 == 0))。
```

参考程序代码：

```
#include <stdio.h>
void main()
{
int year,i=0;
printf("输出 3000 年以内的所有闰年:\n");
for(year=1;year<=3000;year++)
{
   if(((year%4 == 0)&&(year%100 != 0))||(year%400 == 0))
  {printf("%d",year); i++;}
   if(i==6){printf("\n");i=0;}
}
}
```

程序运行结果如图 5-17 所示。

```
"F:\2015上\C教材\赵叶\程序\循环\Debug\5-8.exe"
输出3000年以内的所有闰年:
4 8 12 16 20 24
28 32 36 40 44 48
52 56 60 64 68 72
76 80 84 88 92 96
104 108 112 116 120 124
128 132 136 140 144 148
152 156 160 164 168 172
176 180 184 188 192 196
204 208 212 216 220 224
228 232 236 240 244 248
252 256 260 264 268 272
276 280 284 288 292 296
304 308 312 316 320 324
328 332 336 340 344 348
352 356 360 364 368 372
376 380 384 388 392 396
400 404 408 412 416 420
424 428 432 436 440 444
448 452 456 460 464 468
472 476 480 484 488 492
496 504 508 512 516 520
524 528 532 536 540 544
548 552 556 560 564 568
572 576 580 584 588 592
```

图 5-17　输出闰年运行结果图

单元小结

本单元重点介绍了循环结构的用法，需要确定循环语句的初值，循环结束条件以及循环体。并结合了几个小游戏介绍和分析了 3 种基本循环结构语句 while、do-while、for 的用法。同时介绍了两种循环控制语句 break 和 continue，讲解了这两种语句的区别与用法。通过本单元的学习，读者能够了解循环程序设计的特点和一般规律，编写程序时应从可读性和程序效率多方面进行综合考虑，使用合适的语句结构，以提高代码质量。

思考与训练

1. 选择题

（1）以下程序段是（　　）。

```
x=-1;
do
   {x=x*x;}
   while(!x);
```

A．死循环　　B．循环执行二次　　C．循环执行一次　　D．有语法错误

（2）执行语句 for(i=1;i++<4;);后变量 i 的值是（　　）。

A．3　　B．0　　C．5　　D．不定

（3）循环语句 for(x=0,y=0;(y!=123)||(x<4);x++);的循环执行次数为（ ）。

A．无限次 B．不确定次数 C．4 次 D．3 次

（4）假定 a 和 b 为 int 类型变量，则执行以下语句后 b 的值为（ ）。

```
a=1;b=10;
do
  {b-=a;a++;
   }while (b--<0);
```

A．9 B．–2 C．–1 D．8

（5）C 语言中 while 和 do-while 循环的主要区别是（ ）。

A．do-while 的循环体至少无条件执行一次

B．while 的循环控制条件比 do-while 的循环控制条件严格

C．do-while 允许从外部转到循环体内

D．do-while 的循环体不能为复合语句

（6）以下描述正确的是（ ）。

A．continue 语句的作用是结束整个循环的执行

B．只能在循环体内和 switch 语句体内使用 break 语句

C．在循环体内使用 break 语句和 continue 语句的作用相同

D．从多层循环嵌套中退出时，只能用 goto 语句

2. 程序题

（1）百钱百鸡问题。公元前，我国古代数学家张丘建在《算经》一书中提出了“百鸡问题”：鸡翁一，值钱五，鸡母一，值钱三，鸡雏三，值钱一。百钱买百鸡，问鸡翁、鸡母、鸡雏各几个？试用 C 语言编程解答。

（2）求 100 ~ 200 间的全部素数。

第⑥单元 数组

问题引入

在程序里，我们会经常存储一些相同类型的数据。例如，我们计算一个班 10 名同学某门课程的成绩，并且计算总分和平均分，如果不需要记录学生的成绩只计算总分平均分，那么用循环 10 次求和最后求平均分即可。但是如果我们需要输入学生成绩，并记录然后输出每个人的成绩，那么按照以前的编程方法，要给每个同学定义成绩变量，如果一个班有 50 名同学，这样就太繁琐了。通过分析我们可以看出，所有这些变量的类型都一样，不一样的是分值，因此，我们可以把这些成绩都组织在一起，定义一组相同类型的变量存储不同的成绩。

数组是相同类型数据的有序集合，即数组由若干数组元素组成，其中所有元素都属于同一个数据类型，且它们的先后顺序是确定的。数组中的元素称为数组元素，也称为下标变量。

知识目标

1. 了解数组的概念
2. 掌握一维数组与引用
3. 掌握二维数组与引用
4. 了解字符数组与字符串

技能目标

1. 会定义一维数组，能够进行数组元素的引用
2. 会定义二维数组，能够进行数组元素的引用
3. 会定义字符数组
4. 能够区别字符串数组和字符数组

任务1 学生成绩存储——一维数组的定义与输入输出

用数组表示和处理同类型、有规律的数据要比使用基本数据类型简单和方便得多。数组通常可以分为一维数组、二维数组和多维数组。本章将分别介绍常用的一维数组和二维数组的说明和使用方法，通过本章的学习，读者应掌握利用数组解决实际问题的方法。

● 工作任务

通过编程输入并存储一个班10名同学的某门课程成绩，然后输出每名同学的成绩。

● 思路指导

定义数组：scr[10]。

输入：循环输入存储每个数组元素。

输出：循环输出每个数组元素。

● 相关知识

（一）定义一维数组

1. 定义一维数组的格式

定义一维数组的格式为

```
类型说明 数组名[整型常量表达式];
```

例如：int scr[10];定义了一个一维数组，数组名称为scr，数组中数组元素的个数为10，数组元素的类型为整型，可用的下标范围为0 ~ 9。

2. 说明

（1）数组名：命名原则遵循标识符的命名规则。本例中数组名称为scr。

（2）整型常量表达式：表示数组元素的个数（数组的长度）。可以是整型常量或符号常量，不允许是变量。整型常量表达式在说明数组元素个数的同时也确定了数组元素下标的范围，即0~（整型常量表达式-1）。

（3）类型说明：是指数据元素的类型，可以是基本数据类型，也可以是构造数据类型。类型说明确定了每个数据占用的内存字节数。如整型占2个字节，实型占4个字节，双精度占8个字节，字符占1个字节。本例中数组元素是整型，每个元素占2个字节，因为有100个数组元素，所以数组a占用200个字节。

（二）一维数组元素引用

数组必须先定义，然后使用。C语言规定只能逐个引用数组元素而不能一次引用整个数组。

数组元素引用形式为

```
数组名[下标]
```

下标可以是整型常量或整型表达式。

● 任务实施

1. 流程图（如图 6-1 所示）

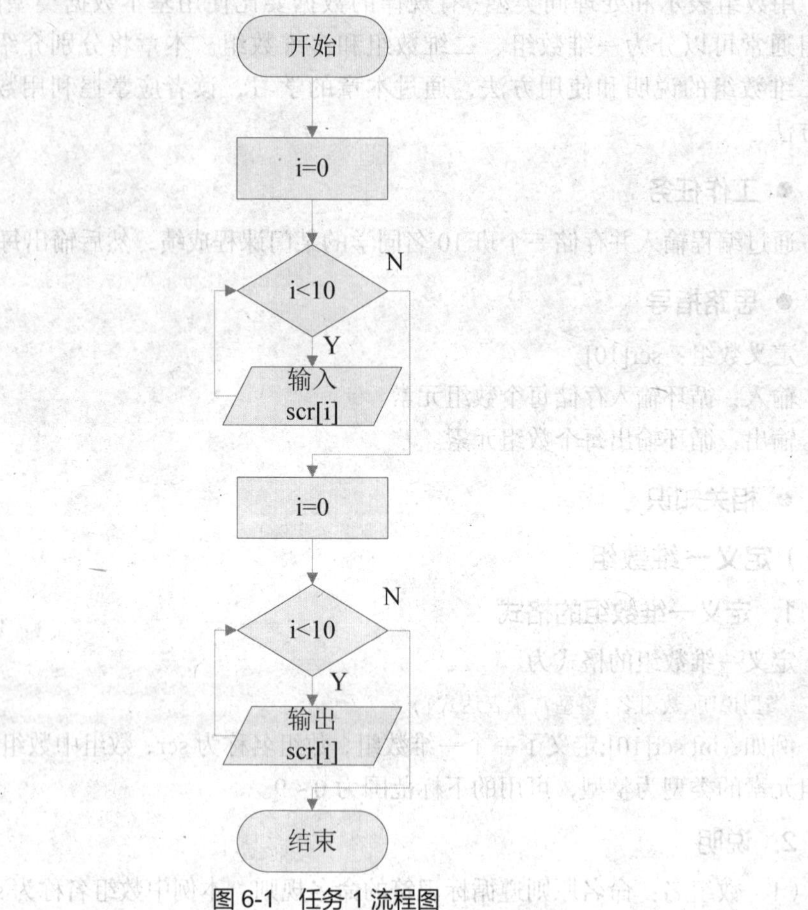

图 6-1　任务 1 流程图

2. 程序代码

```
#include <stdio.h>
void main()
{   int scr[10], i;              //定义成绩数组 str
            for(i=0;i<10;i++)    //循环输入成绩
            {
            printf("请输入第%d 个元素的值",i+1);
            scanf("%d",&scr[i]);  //输入数组元素的值
            }
            printf("十名同学的成绩：");
            for(i=0;i<10;i++)           //循环输出成绩
                printf("%-4d",scr[i]);
}
```

程序运行结果如图 6-2 所示。

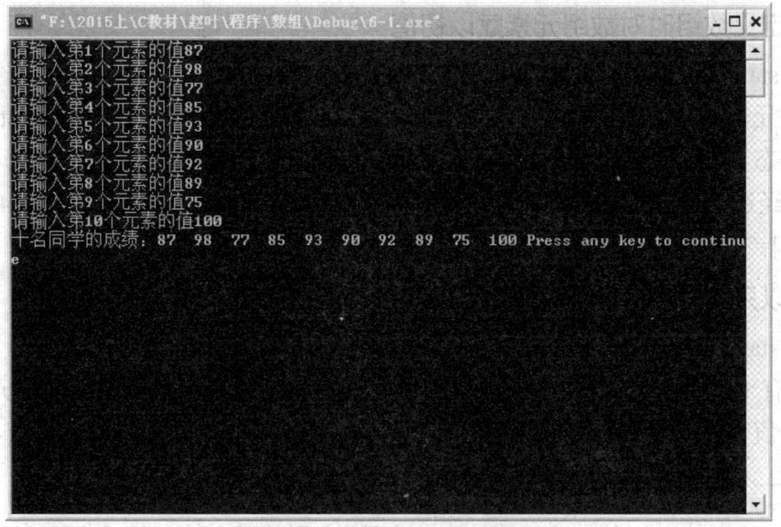

图 6-2 任务 1 运行结果图

- 特别提示

（1）在同一个类型说明语句中可以同时定义几个数组。例如 int a[10],b[10];。
（2）每个数组元素占用一个存储单元，数组的输入和输出、计算是对单个元素进行的。
（3）数组元素的下标可以是表达式。
（4）C 语言编译程序为数组分配了一段连续的存储空间。
（5）C 语言规定，数组名是数组的首地址，即 a 与&a[0]等价。

任务 2 学生成绩计算与查找——数组元素的引用

- 工作任务

在上一个任务中，我们计算了全班的 10 名同学的成绩的存储，这小节的任务是在存储成绩的同时计算全班 10 名同学的总分和平均分，并且查找最大值和最小值。

- 思路指导

定义数组：int scr[10]。
输入：循环输入每个数组元素。
计算：求和 sum。
查找：最大值 max 和最小值 min。
输出：循环输出每个数组元素。
输出：全班总成绩和平均分。

- 相关知识

一维数组初始化

可以用赋值语句或输入语句使数组中的元素得到值，但占运行时间。可以使数组在运行之前初始化，即在编译阶段使之得到初值。

1. 在定义数组时对数组元素赋以初值

例如：static int a[10]={0,1,2,3,4,5,6,7,8,9}；

将数组元素的初值依次放在一对花括弧内。在 int 的前面有一个关键字 static，C 语言规定只有静态（static）数组和外部存储（extern）数组才能初始化，在第 7 单元函数中会有详细介绍。经过上面的定义和初始化之后，a[0]=0，a[1]=1，a[2]=2，a[3]=3，a[4]=4，a[5]=5，a[6]=6，a[7]=7，a[8]=8，a[9]=9。

2. 可以只给一部分元素赋值

例如：static int a[10]＝{0,1,2,3,4};

a 数组有 10 个元素，但花括弧内只提供 5 个初值，这表示只给前面 5 个元素赋初值，后 5 个元素值为 0。

3. 使一个数组中全部元素值为 0

```
static int a[10]={0};即 a[0]~a[9]都被置初值 0。
```

其实，对 static 数组不赋初值，系统会对所有数组元素自动赋予 0 值。

4. 在对全部数组元素赋初值时，可以不指定数组长度

例如：static int a[]＝{1,2,3,4,5};

花括弧中有 5 个数，系统就会据此自动定义 a 数组的长度为 5。但若被定义的数组长度与提供初值的个数不相同，则数组长度不能省略。例如，想定义数组长度为 10，就不能省略数组长度的定义，而必须写成：

```
static int a[10]={1,2,3,4,5};
```

只初始化前 5 个元素，后 5 个元素为 0。

- **任务实施**

1. 流程图（如图 6-3 所示）

2. 程序代码

```
#include <stdio.h>
void main()
{
        int scr[10], i,sum=0,max,min; //定义成绩数组 str、总分、最大值、最小值
        float ave;
        for(i=0;i<10;i++)               //循环输入成绩并求和
        {
            printf("请输入第%d 个元素的值",i+1);
            scanf("%d",&scr[i]);    //输入数组元素的值
            sum=sum+scr[i];         //数组元素求和
        }
        ave=sum/10.0;                   //求平均值
        for(i=0;i<10;i++)
```

```
    {
        printf("%-4d",scr[i]);
    }
    printf("\n");
    printf("数组元素的和是%d，平均值是%.2f\n",sum,ave);
    max=min=scr[0];
    for(i=1;i<10;i++)
    {
        if(scr[i]>max) max=scr[i];  //求最大值
        if(scr[i]<min) min=scr[i];  //求最小值
    }
    printf("最大值是%d，最小值是%d\n",max,min);
}
```

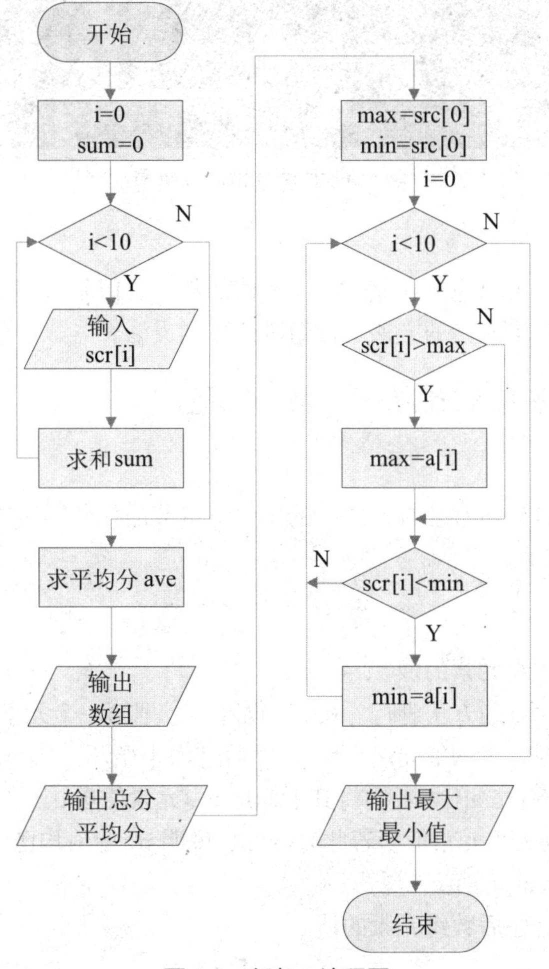

图 6-3 任务 2 流程图

程序运行结果如图 6-4 所示。

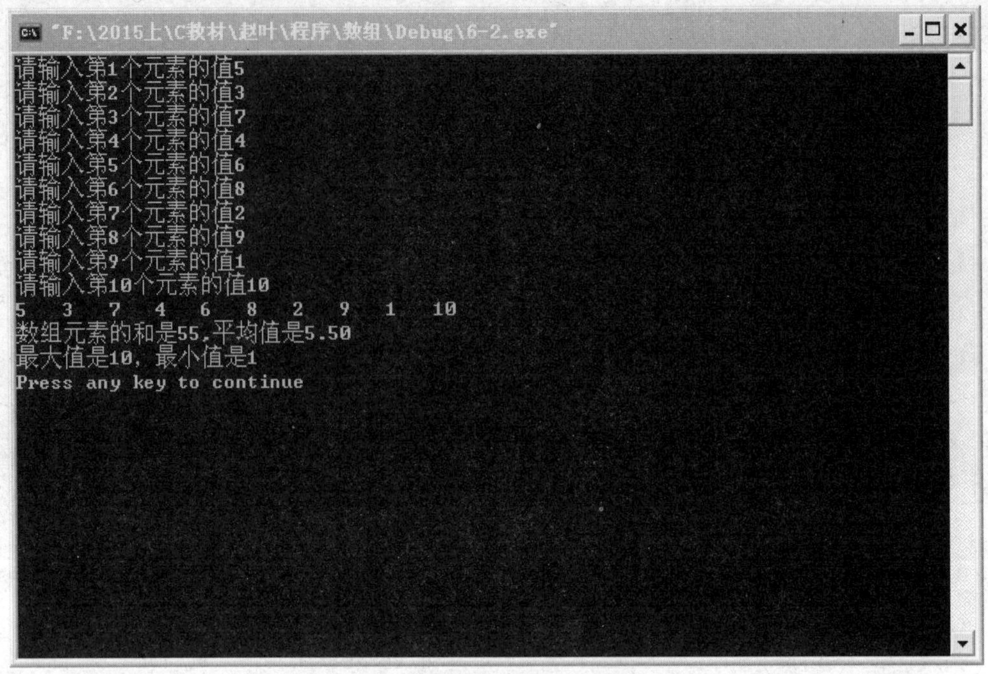

图 6-4　任务 2 运行结果图

- 特别提示

数组元素的初始化可以完成存储数组元素值的任务，但是在程序的开始就把元素值固定下来了，而用输入数组元素的方法给数组赋值更加灵活。

任务 3　学生成绩排序——数组的应用

- 工作任务

在管理班级成绩时，通常会进行成绩的排序。本节的任务即完成十名同学成绩从小到大的排序并输出。

- 思路指导

输入：循环输入数组元素的值。

排序：采用逐个比较的方法进行。在 i 次循环时，把第一个元素的下标 i 赋予 p，而把该下标变量对应的数组元素的值 a[i]赋予 q。然后进入小循环，从 a[i+1]起到最后一个元素止逐个与 a[i]作比较，有比 a[i]大者则将其下标送 p，元素值送 q。一次循环结束后，p 即为最大元素的下标，q 则为该元素值。若此时 i≠p，说明 p，q 值均已不是进入小循环之前所赋之值，则交换 a[i]和 a[p]之值。

输出：循环输出排序后数组元素的值。

● 任务实施

1. 流程图（如图 6-5 所示）

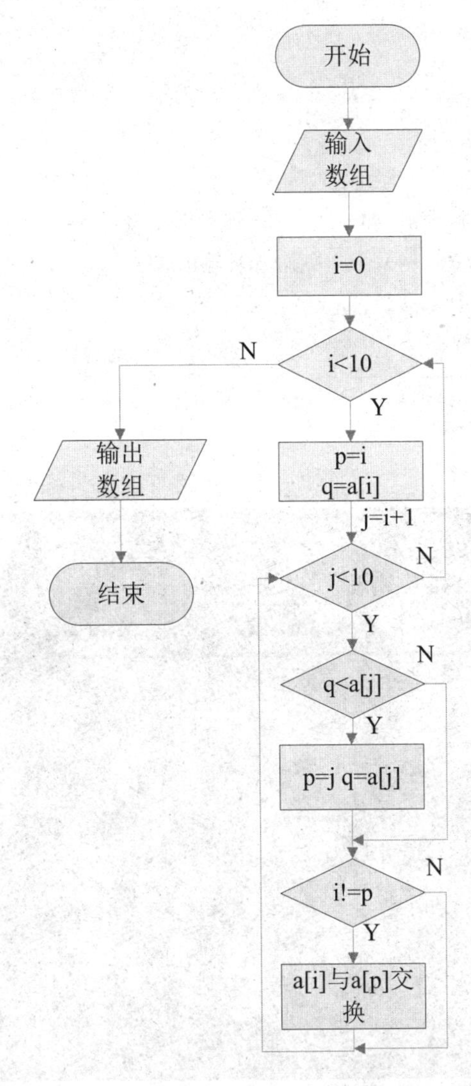

图 6-5　任务 3 流程图

2. 程序代码

```
#include <stdio.h>
void main()
    { int i,j,p,q,s,a[10];
      printf(" 输入 10 个学生成绩:\n");
      for(i=0;i<10;i++)           //循环输入成绩
      scanf("%d",&a[i]);
       for(i=0;i<10;i++)          //外循环
        { p=i;q=a[i];
```

```
        for(j=i+1;j<10;j++)    //内循环逐个与外循环确定的数组元素比较
        if(q<a[j]) { p=j;q=a[j]; } //比外循环的元素大就交换
        if(i!=p)
        {s=a[i];
          a[i]=a[p];
          a[p]=s; }
       }
     printf("成绩排序为: ");
      for(i=0;i<10;i++)         //循环输出成绩
          printf("%-4d",a[i]);
      printf("\n");
  }
```

程序运行结果如图 6-6 所示。

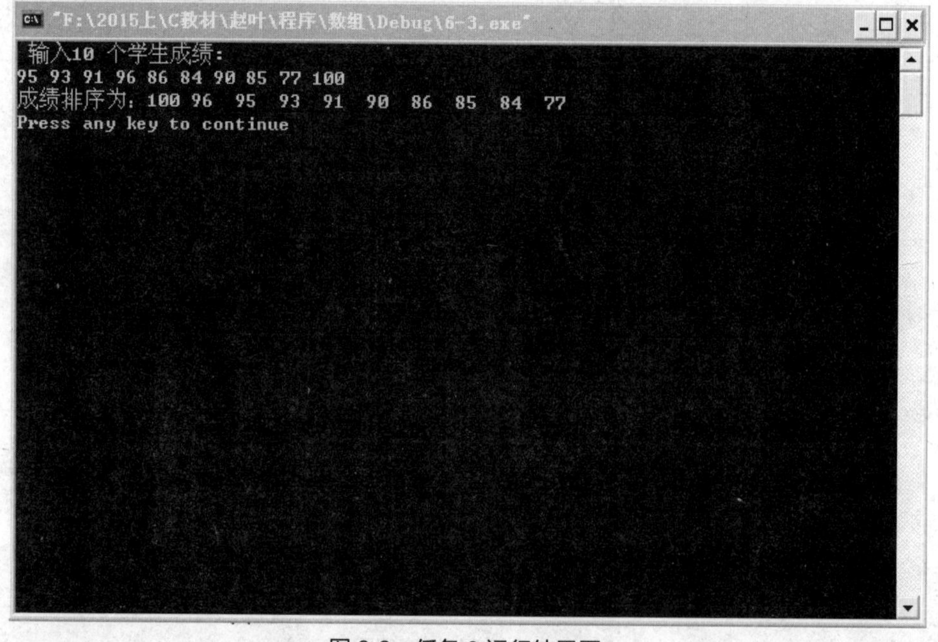

图 6-6　任务 3 运行结果图

● 特别提示

本任务嵌套 for 语句的外循环是控制比较的次数，内循环则是一次比较找到最大值与本次外循环对应的数组元素交换。

任务 4　多门课程学生成绩的存储——二维数组的定义与输入输出

● 工作任务

我们在实际的成绩管理中还会遇到这样的情况，如一个小组 5 名同学，要分别存储 5 名同学 3 门课程的成绩，如下所示。

```
姓名      代数   C语言   数据库
王一      80     75      92
李二      61     65      71
赵三      59     63      70
张四      85     87      90
周五      76     77      85
```

可设一个二维数组 a[5][3]存放 5 个人 3 门课的成绩，再设一个一维数组 v[3]存放所求得各分科平均成绩，设变量 l 为全组各科总平均成绩。

- **思路指导**

输入：双重循环输入并存储每名同学的各门课成绩。

输出：双重循环输出以上成绩。

- **相关知识**

（一）二维数组定义

1. 二维数组定义格式

格式为

```
类型说明符 数组名[常量表达式1][常量表达式2];
```

例如：

```
int a[3][4];
```

定义了 a 为 3×4（3 行 4 列）的整型数组。该数组有 12 个元素，分别为

```
a[0][0]   a[0][1]   a[0][2]   a[0][3]
a[1][0]   a[1][1]   a[1][2]   a[1][3]
a[2][0]   a[2][1]   a[2][2]   a[2][3]
```

2. 说明

（1）类型说明符、数组名、常量表达式的意义与一维数组相同。

（2）二维数组中元素的排列顺序是按行存放，即内存中先顺序存放第一行的元素，再存放第二行的元素。

（3）可以把二维数组看成是特殊的一维数组，它的每个元素又是一个一维数组。

（二）二维数组元素的引用

元素引用格式：

```
数组名[下标1][下标2]
```

其中下标可以是整型常量、整型变量或整型表达式。

- **任务实施**

本例我们定义一个二维整型数组：int scr[5][3];

然后把这个数组排成 5 行 3 列，而它们是按行顺序存储在内存中的，如表 6-1 所示。

表 6-1　数组 int scr[5][3]

[0][0]	[0][1]	[0][2]	[1][0]	[1][1]	[1][2]	……	[4][0]	[4][1]	[4][2]

把这些数组排成矩形看起来更直观，如表 6-2 所示。

表 6-2　二维数组矩形表示

acr[0] [0]	acr[0] [1]	acr[0] [2]
acr[1] [0]	acr[1] [1]	acr[1] [2]
acr[2] [0]	acr[2] [1]	acr[2] [2]
acr[3] [0]	acr[3] [1]	acr[3] [2]
acr[4] [0]	acr[4] [1]	acr[4] [2]

上表说明我们可以将二维数组看成是一个一维数组，每个一维数组的元素都是一个一维数组。二维数组 scr 就是 5 个元素的一维数组，每个元素又含有 3 个 int 型元素。分配给每个数组元素的内存空间和一维数组一样，由元素的类型决定。

1. 流程图（如图 6-7 所示）

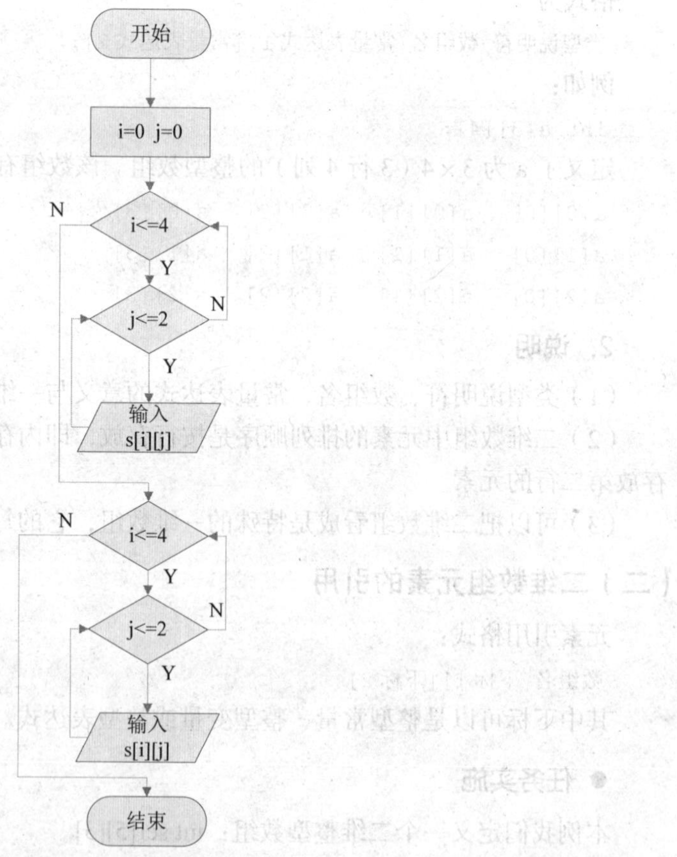

图 6-7　任务 4 流程图

2. 程序代码

```
#include <stdio.h>
void main ()
      {int scr[5][3];
       int i,j;
       printf("请输入 5 行 3 列的值：\n");
      for (i=0;i<=4;i++)                //按行输入 scr 数组
      for (j=0;j<=2;j++)
          scanf ("%5d",&scr[i][j]);
      printf ("\n");
     printf("输出 5 行 3 列的值：\n");
     for (i=0;i<=4;i++)               //按行输出 scr 数组
    {for (j=0;j<=2;j++)
   printf ("%5d",scr[i][j]);
       printf("\n");}
    }
```

程序运行结果如图 6-8 所示。

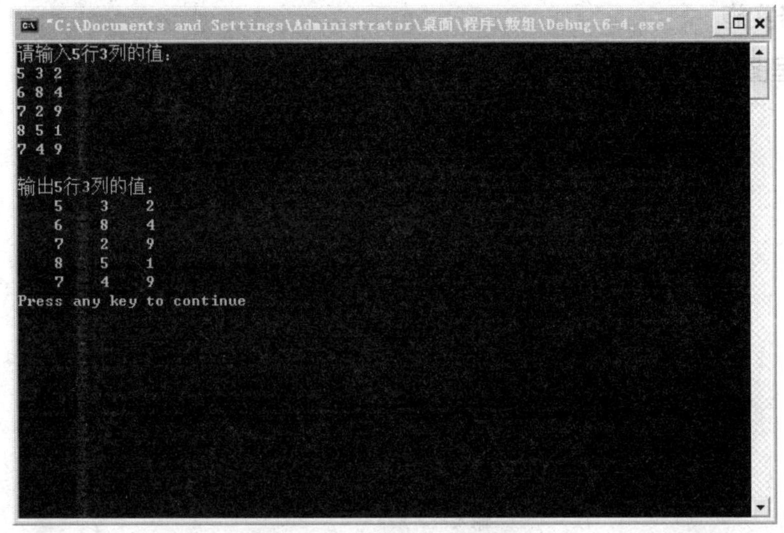

图 6-8　任务 4 运行结果图

任务 5　多门课程学生成绩计算与查找——二维数组元素的引用

● 工作任务

我们如何查找二维数组的元素呢？本任务首先计算全组同学各科总成绩、平均分，并找出每科最高分，然后输出。

● 思路指导

输入：双重循环输入同学各科成绩 int scr[5][3]。

计算输出：各门课程的总成绩 int sum[3]、平均分 int ave[3]和每科最高分 int max[3]。

● 相关知识

二维数组也可以在定义时对指定元素赋初值。

（1）按行分段赋值。

例如：int a[3][4]={{1,2,3,4},{5,6,7,8},{9,10,11,12}};

（2）将所有的初值写在一个大括号内，按数组元素的排列顺序对各个元素赋初值。例如：

```
int a[3][4]={1,2,3,4,5,6,7,8,9,10,11,12};
```

（3）可以对数组部分元素赋初值。

例如：int a[3][4]={{1},{5,6},{9}};

又如：int a[3][4]={{1,2},{ },{0,10}};

其作用是使 a[0][0]=1，a[0][1]=2，a[2][1]=10，数组的其他元素都为 0。

（4）如果对数组的全部元素都赋初值，则定义数组时可以不指定数组的第一维长度，但第二维长度不能省略。例如：

若有定义：int a[3][4]={1,2,3,4,5,6,7,8,9,10,11,12};

此定义也可以写成：int a[ ][4]={1,2,3,4,5,6,7,8,9,10,11,12};

● 任务实施

1. 流程图（如图 6-9 所示）

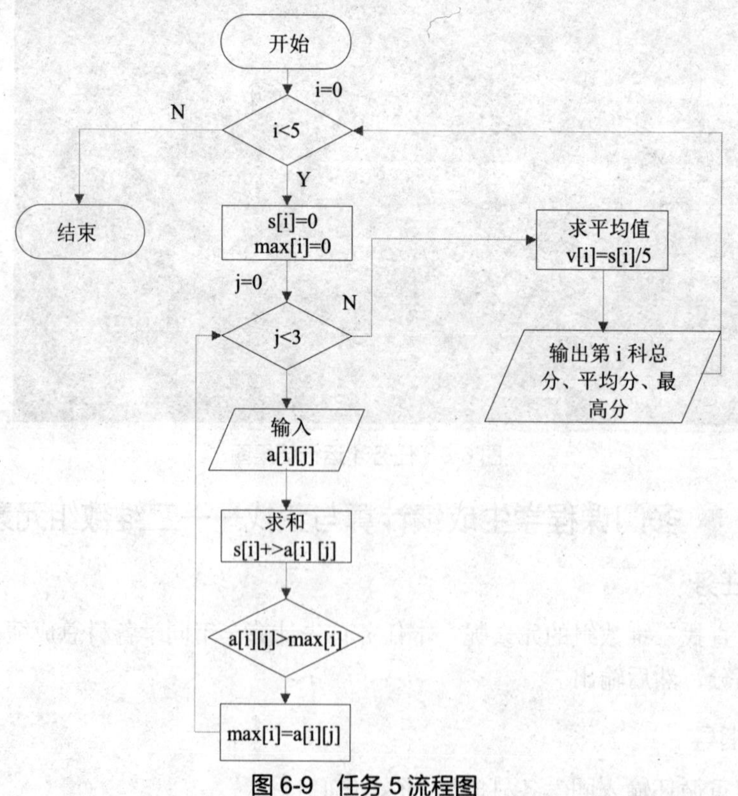

图 6-9 任务 5 流程图

2. 程序代码

```
#include <stdio.h>
void main ()
{
  int i,j,sum[5],v[5],a[5][3],max[5];
  printf("input score\n");
  for(i=0;i<5;i++)                //按行输入成绩、求和、求最大值
 { sum[i]=0;max[i]=0;
   for(j=0;j<3;j++)
   {
    scanf("%d",&a[i][j]);
    sum[i]=sum[i]+a[i][j];
    if (a[i][j]>max[i]) max[i]=a[i][j];
   }
  v[i]=sum[i]/3;
  printf ("第%d 科总分%d 平均分%d 最高分%d\n",i+1,sum[i],v[i],max[i]);
  }
}
```

程序运行结果如图 6-10 所示。

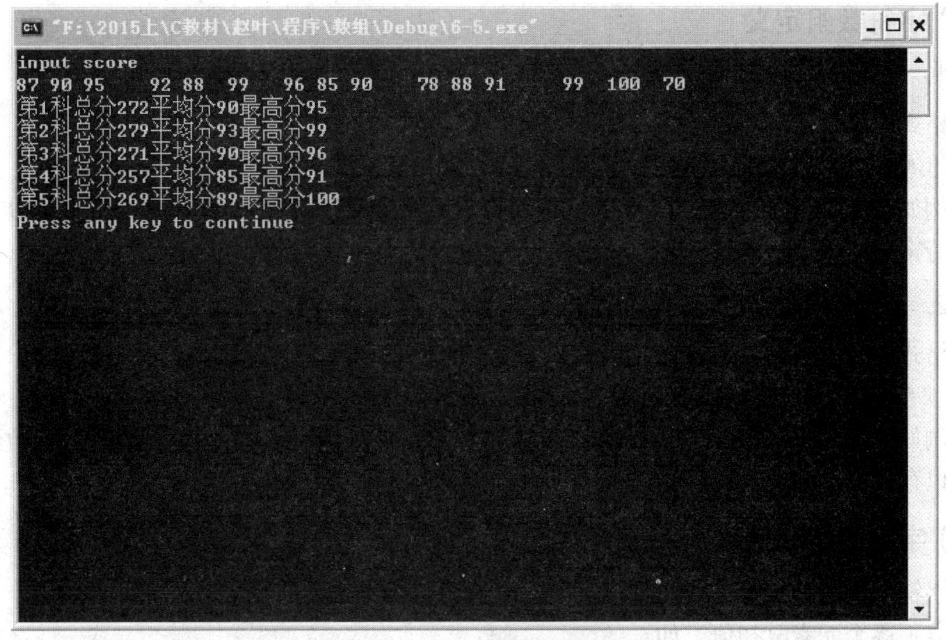

图 6-10 任务 5 运行结果图

● 特别提示

可以只对部分元素赋初值，未赋初值的元素自动取值为 0，例如：

```
int a[3][3]={{2},{5},{7}};
```

只对每一行的第一列赋值，其余的元素为 0，初始化后的数组元素为

$$\begin{bmatrix} 2 & 0 & 0 \\ 5 & 0 & 0 \\ 7 & 0 & 0 \end{bmatrix}$$

任务 6 密码加密——字符数组、字符串

● 工作任务

我们在日常生活中会遇到许多涉及密码的问题，如银行卡、门禁卡、电子密码等，为了密码的保密，通常是为该密码进行加密变化存储。这个任务就是从键盘上输入一串密码，并进行加密变化，规则是将其中的小写字母转换成大写字母并输出。

● 思路指导

输入：一串字符。

加密变化：将其中的小写字母转换成大写字母。

输出：输出加密后的字符。

● 相关知识

（一）字符数组定义

1. 一维字符数组

格式：

```
类型说明符 数组名[常量表达式];
```

例如：char str[10];定义了 str 为一维字符数组，该数组包含 10 个元素，最多可以存放 10 个字符型数据。

2. 二维字符数组

格式：

```
类型说明符 数组名[常量表达式 1][常量表达式 2];
```

例如：char a[3][20];定义了 a 为二维字符数组，该数组有 3 行，每行 20 列，该数组最多可以存放 60 个字符型数据。

（二）字符数组初始化

字符数组的初始化方式与其他类型数组的初始化方式类似。

（1）逐个元素赋初值，如：

```
char s[5]={'H', 'e', 'l', 'l', 'o'};
```

（2）如果初值的个数多于数组元素的个数，则按语法错误处理。

（3）如果初值的个数少于数组元素的个数，则 C 编译系统自动将未赋初值的元素定为

空字符（即 ASCII 码为 0 的字符：'\0'）。

（4）如果省略数组的长度，则系统会自动根据初值的个数来确定数组的长度。例如：

```
char c[]={'H', 'o', 'w', ' ', 'a', 'r', 'e', ' ', 'y', 'o', 'u', '? '};
```

数组 c 的长度自动设定为 12。

（三）字符串

1. 定义

字符串常量是用双引号括起来的一串字符。

C 语言系统在处理字符串时，一般会在其末尾自动添加一个'\0'作为结束符。

2. 初始化

C 语言允许用字符串常量给数组赋初值，即进行数组初始化。

例如：char c[ ]={"student"};

也可以省略大括号而直接写成：char c[ ]= "student";

请注意此时字符数组的长度。

字符串可以整体输入或输出，即用格式符"%s"控制字符串的输入与输出。

3. 说明

（1）用"%s"格式符输入字符串时，scanf 函数中的地址项是数组名，不要在数组名前加取地址符号'&'，因为数组名本身就是地址。

（2）用"%s"格式符输出字符串时，printf 函数中的输出项是字符数组名，而不是数组元素。

（3）以 scanf （"%s", 数组名）; 形式输入字符串时，遇空格或回车都表示字符串结束，系统只是将第一个空格或回车前的字符置于数组中。

● 任务实施

1. 流程图（如图 6-11 所示）

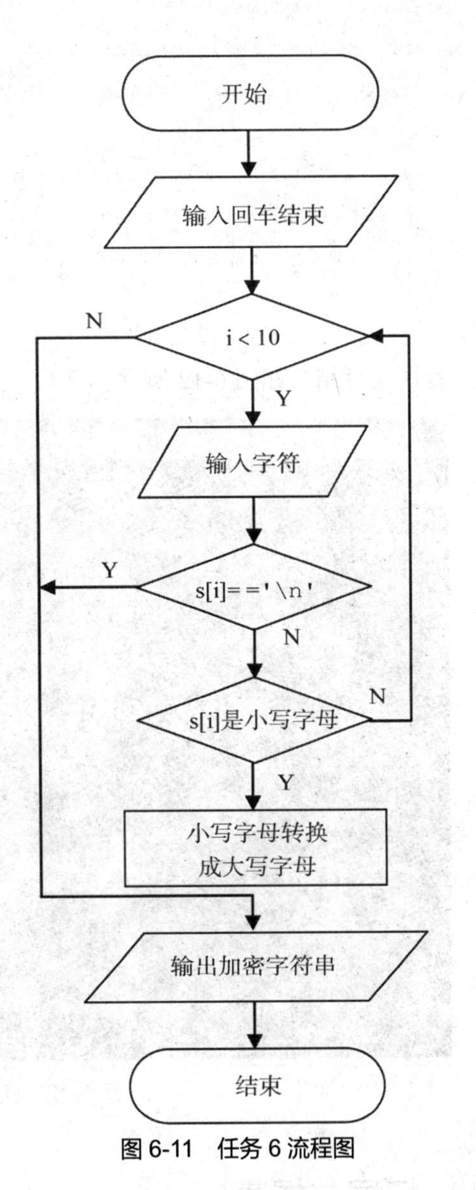

图 6-11 任务 6 流程图

2. 程序代码

```
#include <stdio.h>
void main ( )
{char s[10];
 int i=0;
 printf("请输入字符以回车结束：\n");
 for (i=0;i<10;i++)                    //循环输入字符数组元素然后加密
{scanf ("%c", &s[i]);
  if (s[i]=='\n') break;
  else  if (s[i]>= 'a'&&s[i]<= 'z')  s[i]-=32;
}
  s[i]='\0';                          //为字符数组加结束标志变为字符串
  printf("加密后：\n");
  for (i=0;s[i]!='\0';i++)             //输出加密字符串
     printf ("%c", s[i]);
printf ("\n");}
```

程序运行结果如图 6-12 所示。

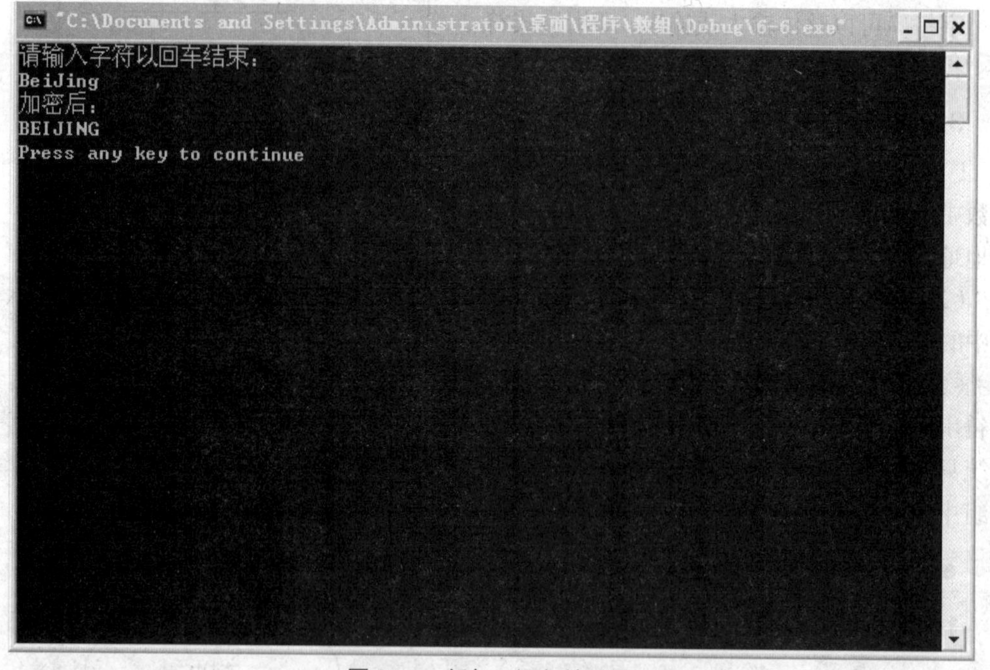

图 6-12　任务 6 运行结果图

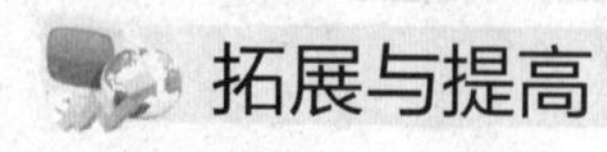

拓展与提高

在 C 的库函数中提供了一些字符串处理函数，使用它们可以很方便地处理字符串，如输入、输出、复制、连接、比较、测试长度等。用于输入输出的字符串函数，在使用前应包含头文件"stdio.h"；使用其他字符串函数则应包含头文件"string.h"。

（一）字符串输出函数：puts

格式：puts(字符数组名)

功能：将一个字符串输出到终端，字符串中可以包含转义字符。

典型例题：

```
#include"stdio.h"
main()
{char s[ ]= "Hello\nBeijing";
puts(s); }
```

输出结果是：

```
Hello
Beijing
```

（二）字符串读入函数：gets

格式：gets(字符数组名)

功能：从终端读入一个字符串到字符数组。该函数可以读入空格，遇回车结束输入。

典型例题：

```
#include"stdio.h"
  main()
 { char st[15];
   printf("input string:\n");
   gets(st);
   puts(st); }
```

可以看出当输入的字符串中含有空格时，输出仍为全部字符串。说明 gets 函数并不以空格作为字符串输入结束的标志，而只以回车作为输入结束标志。这是与 scanf 函数不同的。

（三）字符串连接函数：strcat

格式：strcat (字符数组 1,字符数组 2)

功能：将字符数组 2 中的字符串连接到字符数组 1 中的字符串的后面，结果放在字符数组 1 中。

典型例题：

```
#include"string.h"
 main()
{ static char st1[20]= "Beijing is in";
 int st2[10];
   printf("input country:\n");
   gets(st2);
```

```
    strcat(st1,st2);
    puts(st1); }
```

输入：China

输出结果为：Beijing is in China

说明：使用 strcat 函数时，字符数组 1 应足够大，以便能容纳连接后的新字符串。

（四）字符串复制函数：strcpy

格式：strcpy (字符数组 1,字符数组 2)

功能：将字符数组 2 中的字符串复制到字符数组 1 中。串结束标志“\0”也一同复制。字符数组 2 也可以是一个字符串常量，这时相当于把一个字符串赋予一个字符数组。

典型例题：

```
#include"string.h"
 main()
 {static char st1[15],st2[]="Hello Beijing";
  strcpy(st1,st2);
  puts(st1);printf("\n"); }
```

① 字符数组 1 的长度应大于或等于字符数组 2 的长度，以便容纳被复制的字符串。

② 字符数组 1 必须写成数组名的形式（如上例中的 s1），字符数组 2 也可以是一个字符串常量。

（五）字符串比较函数：strcmp

格式：strcmp (字符串 1,字符串 2)

功能：比较两个字符串的大小。比较的结果由函数值带回。

（1）如果字符串 1 等于字符串 2，函数值为 0。

（2）如果字符串 1 大于字符串 2，函数值为一个正整数（第一个不相同字符的 ASCII 码值之差）。

（3）如果字符串 1 小于字符串 2，函数值为一个负整数。

典型例题：把输入的字符串和数组 2 中的串比较，比较结果返回到 k 中，根据 k 值再输出结果提示串。

```
#include"string.h"
  main()
 { int k;
  static char st1[15],st2[]="Hello Beijing";
  printf("input a string:\n");
  gets(st1);
  k=strcmp(st1,st2);
  if(k==0) printf("st1=st2\n");
```

```
    if(k>0) printf("st1>st2\n");
    if(k<0) printf("st1<st2\n"); }
```

（六）测试字符串长度函数：strlen

格式：strlen (字符数组名)

功能：测试字符数组的长度，函数值为字符数组中第一个'\0'前的字符的个数（不包括'\0'）。

典型例题：求字符串长度。

```
#include"string.h"
 main()
{ int k;
  static char st[]="Beijing is in China.";
  k=strlen(st);
  printf("The lenth of the string is %d\n",k); }
```

程序运行后k的值是20。

单元小结

本单元主要介绍了数组这一特殊的数据结构。数组由数组元素构成，数组元素存储的数据应具有相同的类型，在计算机内存中占据连续的存储单元，内存单元的长度由数组元素的个数和类型决定。

数组分为一维数组、二维数组和多维数组，在使用数组时应遵循先定义、后使用的原则。数组一般不能整体引用，要用不同的下标来访问数组元素，可以用循环语句很方便地访问数组元素。

数组元素是字符型的称为字符数组。字符串在计算机内存中一般是以字符数组的方式存在，'\0'称为字符串结束标志，可以用字符串处理函数来处理字符串的连接、复制、比较等操作。

思考与训练

1. 选择题

（1）在C语言中，引用数组元素时，其数组下标的数据类型允许是（　　）。

A. 整型常量　　　　B. 整型表达式

C. 整型常量或整型表达式　　　　D. 任意类型的表达式

（2）以下程序段执行后，输出结果是（　　）。

```
char str[]= "ab\n\\012\\\"";
printf("%d",strlen(str));
```

A. 1　　B. 9　　C. 7　　D. 10

（3）判断字符串 s1 是否大于字符串 s2，应当使用（　　）。

A. if(s1>s2)　　B. if(strcmp(s1,s2))

C. if(strcmp(s1,s2)>0)　　D. 以上都不正确

（4）下面程序的运行结果是（　　）。

```
main()
{
  int a[6],i;
  for(i=1;i<6;i++)
  {
    a[i]=9* (i-2+4* (i>3))%5;
    printf("%2d",a[i]);
  }
}
```

A. –4 0 4 0 3　　B. –4 0 4 4 3

C. –4 0 4 0 4　　D. –4 0 4 4 0

（5）下面的说明语句正确的是（　　）。

A. int A[][]　　B. int A['a']

C. int *A[10]　　D. int A[]

（6）数组名作为参数传递给函数，作为实参的数组名被处理成（　　）。

A. 该数组中各个元素的值　　B. 该数组元素的个数

C. 该数组各个元素的地址　　D. 该数组的首地址

2. 填空题

（1）下面程序的功能是输出数组 s 中最大元素的下标，请填空。

```
void main( )
{   int k, p;    int s[ ]={1,-9,7,2,-10,3};
for(p=0,k=p; p<6; p++)
   if(s[p]>s[k])_______;
         printf("%d\n" ,k); }
```

（2）以下程序以每行 10 个数据的形式输出 a 数组，请填空。

```
void main( )
{    int a[50],i;
 printf("输入 50 个整数:");
for(i=0; i<50; i++)  scanf( "%d",________);
for(i=1; i<=50; i++)
```

```
    { if(________)
            printf( "%3d\n" ,_______);
      printf( "%3d",a[i-1]);   } }
```

3. 程序题

（1）用冒泡法对 10 个数进行排序（由小到大）。

（2）编程实现两个字符串的连接（不用 strcat 函数）。

第 7 单元 函数

问题引入

我们编写的程序代码越来越长，实现的功能越来越多，所有代码都写在主函数 main() 中，实在是不易阅读和修改。事实上，C 语言程序可以包含一个 main 函数和若干个其他函数，main 函数可以调用其他函数，其他函数之间也可以相互调用。

知识目标

1. 学会函数的定义与调用
2. 理解实参与形参的关系
3. 了解变量的作用域与生存期

技能目标

1. 能够进行函数的定义与调用
2. 能够正确运用实参和形参

任务 1 菜单输出——无参函数的定义与调用

● 工作任务

在顺序结构单元中，我们实现了输出菜单功能：小明和小康到饭馆就餐，刚刚落座，服务员拿出一本菜单，让两人点餐。这单元我们来讨论，怎么用自定义函数实现输出菜单这个小功能呢?

● 思路指导

编写一个自定义函数 menu( )，实现菜单的输出，在 main( )函数中调用 menu( )。

● 相关知识

（一）函数概述

1. 函数的概念

函数是实现特定程序功能的代码段。使用函数基于以下原因。

（1）结构化程序设计的需要。结构化程序设计思想的核心内容是：“自顶向下，逐步细化和模块化。”结构化程序设计思想最重要的一点就是把一个复杂问题分解成很多小而独立的问题，即把一个大程序按功能分为若干个小程序（模块），每个模块完成一部分程序功能。一个程序员编制其中的一个或多个模块，并把每个模块编写成函数。然后通过函数间的相互调用，把函数组装成应用程序。

（2）可以提高代码的复用性。可以把经常用到的完成某种相同功能的程序段编写成为函数，每当需要完成这一功能时只要调用这个函数即可，如需修改，只需修改这个函数本身即可，而调用函数的语句不必修改。

2. 函数的分类

C 语言函数分为标准库函数和用户自定义函数。库函数由系统提供，编程者只需要使用（调用），用户自定义函数需要编程者自己编制。前面几个单元中，已经涉及了一些函数。例如，标准输入函数 scanf，标准输出函数 printf 以及其他一些数学函数，这些都是标准库函数。对于程序员来说，只要调用这些函数即可，至于这些函数内部是如何实现的，程序员不必知晓。

但是，C 语言提供的标准库函数不能包罗万象，它不可能把所有的功能包含进去。例如，求一元二次方程的根、求全班某一次考试的平均成绩等问题。我们必须学会自己定义一些函数来完成一些特定的功能。本单元重点介绍用户自定义函数。

（二）定义无参函数

在 C 语言中，所有的函数定义，包括主函数 main 在内，都是平行的。也就是说，在一个函数的函数体内不能再定义另一个函数，即不能嵌套定义。下面就介绍如何自定义一个函数。函数可分为无参函数和有参函数两种，先来介绍无参函数的定义。

定义函数要完成 3 项任务：指明函数的入口参数；指明函数执行后的状态，即返回值或返回执行结果；指明函数所要做的操作，即函数体。定义函数的格式如下。

```
类型说明符 函数名()
{
声明部分;
语句部分;
}
```

其中类型说明符和函数名称为函数头。类型说明符指明了本函数的类型，函数的类型实际上是函数返回值的类型。该类型说明符与第 2 单元介绍的各种说明符相同。函数名是由用户定义的标识符，无参函数名后有一个空括号，其中无参数，但括号不可少。{ }中的内容称为函数体。在函数体中也有声明部分，这是对函数体内部所用到的变量的类型声明，语句部分实际上是函数体。在很多情况下都不要求无参函数有返回值，此时函数类型符可以写为 void。我们可以把第 1 单元的例题改为一个函数定义。

例 7.1 自定义一个无参函数

```
void Hello()
{
```

```
printf("Hello C Program! \n");
}
```

这里，只把 main 改为 Hello 作为函数名，其余不变。Hello 函数是一个无参函数，当被其他函数调用时，输出“Hello C Program!”。

（三）无参函数的调用

函数定义好之后，需要调用才能运行，通过函数名调用函数。

例 7.2　调用无参函数 Hello

```
void main()
{
    Hello();
}
```

此时，程序在 main 函数中调用了无参函数 Hello，执行函数 Hello 中的语句，输出“Hello C Program!”

- **任务实施**

调用无参函数输出菜单，程序代码如下：

```
/**********无参函数的定义与调用***************/
#include <stdio.h>
void menu()
{
    printf("******欢迎光临四川酒家******\n");
    printf("    油焖大虾      48 元/份\n ");
    printf("    干煸豆角      20 元/份\n ");
    printf("    水煮鱼        38 元/份\n ");
    printf("    麻婆豆腐      15 元/份\n ");
}
void main()
{
    menu();
}
```

运行结果如图 7-1 所示。

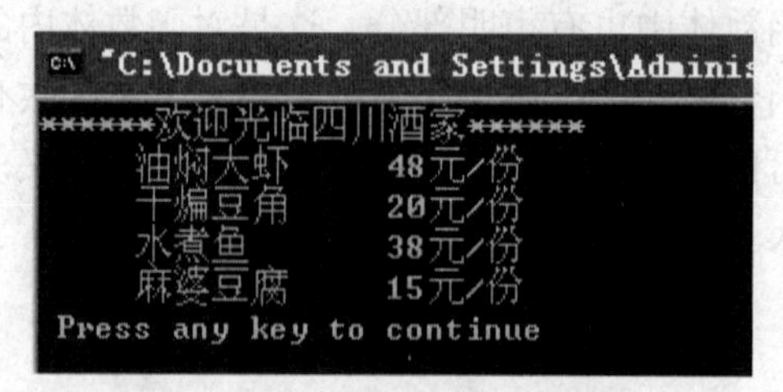

图 7-1　任务 1 运行结果图

● 特别提示

（1）函数名是用户为函数所起的名字，是一个标识符。在同一个程序中，函数名不能相同，也不能与同一作用域中的其他标识符相同。

（2）函数体用一对括号括起来，一般由说明部分和语句部分组成。如果大括号内什么内容也没有，则该函数为空函数。

（3）函数不能单独运行。函数可以被主函数或其他函数调用，也可以调用其他函数，但是不能调用主函数。

（4）无参无返回值函数调用时，直接调用函数名即可。

任务2 学生成绩计算——有参函数的定义与调用

● 工作任务

通过函数计算一个学生两门课程的总分和平均分。

● 思路指导

定义有参函数 sum。

这里要求完成学生两门课成绩的求和功能，因此需将两门课的成绩传入函数体内，无参函数不能解决此问题，这样就需要定义有参函数。

定义有参函数 avg，完成求平均值功能。

● 相关知识

（一）有参函数

1. 有参函数声明

```
类型说明符 函数名(形式参数表列)
{
说明部分;
语句部分;
}
```

有参函数比无参函数多了形式参数表列，形式参数表简称形参，它们可以是各种类型的变量，若形式参数表有多个参数时，参数间用逗号分隔。

形参表列的一般形式为

```
形参类型 1 形参 1,形参类型 2 形参 2,……,形参类型 n 形参 n
```

形式参数用于主调函数和被调函数之间的数据传递，执行时，将被调函数中调用语句所带的实际参数所取代。

我们可以提取程序中的一个小功能，编写成为一个函数，如例 7.3 所示。

例 7.3 编一个程序，用于求两个数中的大数

程序 1：

```
main()
```

```
{
int a,b;
printf("input two number:\n");
scanf("%d,%d",&a,&b);
if(a>b)
printf("maxnumber=%d",a);
else
printf("maxnumber=%d",b);
}
```

程序 2：

```
int max(int a,int b)
{
if(a>b) return a;
else return b;
}
main()
{
    int max(int a,int b);
int x,y,z;
printf("input two number:\n");
scanf("%d,%d",&x,&y);
z=max(x,y);
printf("maxnumber=%d",z);
}
```

【思考】比较两个程序，可以看出使用函数表面上看程序似乎长了，那么这是否意味着使用函数使程序变得更加复杂？

2. 函数的返回值

（1）C 语言可以从被调函数返回值给调用函数，在函数内是通过 return 语句返回值的。当函数需要返回值时，必须在函数名前用类型说明符注明返回值的类型，即函数类型。

如下所示，定义一个函数，用于求两个数中的大数，可写为

```
int max(int a,int b)
{
if(a>b) return a;
else return b;
}
```

在 max 函数体中的 return 语句是把 int 型数据 a（或 b）的值作为函数的值返回给主调函数，max 函数的类型说明符为 int。

注意：

①函数的类型就是返回值的类型，return 语句中表达式的类型应该与函数类型一致。

②如果被调函数中没有 return 语句，则函数带回一个不确定的值，为了明确表示“不带回值”，用“void”定义“无返回值类型”，如例 7.4 所示。

例 7.4

```
void printstar()
{printf("*************\n");}
```

一旦函数被定义为 void 型后，就不能在主调函数中使用被调函数的函数值了。为了使程序有良好的可读性并减少出错，凡不要求返回值的函数都应定义为 void 类型。

（2）return 语句的语法格式如下。

```
return (表达式);
或 return 表达式;
或 return;
```

return 语句的用途是：用于结束当前函数，并把 return 后表达式的值返回到调用的地方。该语句对非 void 函数适用。

（二）函数调用

1. 函数调用的一般格式

在程序中是通过对函数的调用来执行函数体的，C 语言中，有参函数调用的一般形式为

```
函数名(实参表);
```

上文中对无参函数的调用，实际上是无参函数没有定义参数，所以无实参表，但是“()”不能省略。实参表中的参数可以是常数、变量或其他构造类型数据及表达式。各实参之间用逗号分隔。

2. 函数的参数

有参函数的参数分为形参和实参两种，形参出现在函数定义当中，在整个函数体内部都可以使用，离开该函数则不能使用。而实参则出现在主调函数中。形参和实参的功能是作数据传送用。

发生函数调用时，主调函数把实参的值传送给被调函数的形参，从而实现主调函数向被调函数的数据传送。

（1）形参变量只有在被调用时才分配内存单元，在调用结束时，即刻释放所分配的内存单元。因此，形参只有在函数内部有效，函数调用结束返回主调函数后则不能再使用该形参变量。

（2）实参可以是常量、变量、表达式、函数等，无论实参是何种类型的量，在进行函数调用时，都必须有确定的值，以便把这些值传递给形参。因此必须预先用赋值、输入等办法使实参获得一定的值。

（3）实参和形参在数量、类型、顺序上应严格一致。

（4）函数调用中发生的数据传送是单向的。即只能把实参的值传递给形参，而不能把形参的值反向传递给实参。因此在函数调用过程中，形参的值发生改变，而实参中值不会变化。

例 7.5

```
void test(int a,int b)
{
a++;
b++;
printf("test 函数中：%d,%d\n",a,b);
}
void main()
{
int a=3,b=4;
test(a,b);
printf("main 函数中：%d,%d\n",a,b);
}
```

本程序中定义了一个函数 test，该函数的功能是将传入的实参加 1 后输出。在主函数中输入 a 和 b 的值，并作为实参，在调用时传送给 test 函数的形参 a，b。

注意：本例的形参变量和实参变量的标识符都为 a，b，但这是两个不同的量，各自的作用域不同。从运行情况看，实参 a=3，b=4。把此值传给函数 test 时，形参 a，b 的初值也为 3，4。在执行 test 函数过程中，a，b 的值变为 4，5。返回主函数之后，输出实参 a，b 的值仍为 3，4。可见实参的值不随形参的变化而变化。

需要说明的是，在调用函数时，主调函数和被调函数之间有数据的传递——实参传递给形参，具体的传递方式有以下两种。

①值传递方式（传值）：将实参单向传递给形参的一种方式。

②地址传递方式（传址）：将实参地址单向传递给形参的一种方式。

注意：“传值”和“传址”只是传递的数据类型不同（传值——一般的数据，传址——地址）。传址实际上是传值方式的一个特例，本质还是传值，只是此时传递的是一个地址数据值。

另外，对于传值，即使函数中修改了形参的值，也不会影响实参的值，如例 7.5 所示；但是，对于传址，因为传递的是地址，那么就可能通过实参参数所指向的空间间接返回数据，修改了形参的值，可能会影响实参指向的数据。

3．函数调用的几种方式

在 C 语言中，可以用以下几种方式调用函数。

（1）无返回值函数的调用。

函数调用的一般形式加上分号即构成函数语句。例如：

```
welcom();
printf ("%d",a);
```

这种情况不要求函数返回值，调用函数目的是为了完成某一特定操作。

（2）有返回值函数的调用。

① 函数作为表达式中的一项出现在表达式中，以函数返回值参与表达式的运算。这种方式要求函数是有返回值的。例如：z=max(x,y);是一个赋值表达式，把 max 的返回值赋予变量 z。

② 函数作为另一个函数调用的实际参数出现。这种情况是把该函数的返回值作为实参进行传送，因此要求该函数必须是有返回值的。例如：printf("%d",max(x,y));即是把 max 调用的返回值又作为 printf 函数的实参来使用的。

例 7.6 编程求 1+1/2+1/3+1/4+1/5+…+1/n

```
#include <stdio.h>
double fun(int n)
 {
double sum=0.0;
   int i;
   for (i=1;i<=n;i++)
       sum=sum+1.0/i;
   return sum;
}
main()
{
int n;
scanf("%d",&n);
printf("sum=%f",fun(n));
}
```

说明

① 函数 fun 在 main 函数中的调用是作为 printf 函数的实参出现的，即在执行 printf 语句时，先调用函数 fun，求出 fun(n)的值，再通过 printf 语句将此值以浮点数方式输出。

② 调用函数 fun 中的实参和函数定义 fun 中的形参同名，均为 n，但它们是不同的对象，有不同的存储空间。

③ 该程序中有两个函数，一个是 main，另一个是 fun，main 中调用了 fun。按照 C 语言规定，它们在程序中出现的次序是有讲究的，fun 应在前边，main 在后边，即函数定义应先于函数调用。

（三）函数声明

在主调函数中调用某函数之前应对该被调函数进行说明，这与使用变量之前要先进行变量说明是一样的。在主调函数中对被调函数作说明的目的是使编译系统知道被调函数返回值的类型，以便在主调函数中按此种类型对返回值作相应的处理。

上面已经提到，函数定义必须先于函数调用，但是假设有下列程序：

例 7.7　编程求 1/2+1/4+1/6+1/8+…+1/n　（n 为偶数）

```
#include <stdio.h>
main()
{
double fun(int n);
int n;
scanf("%d",&n);
printf("sum=%f",fun(n));
}
double fun(int n)
{
double sum=0.0;
    int i;
    for (i=2;i<=n;i+=2)
        sum=sum+1.0/i;
   return sum;
}
```

执行程序，程序能够正常运行，观察此程序，发现虽然函数定义出现在函数调用之后，但是在 main 函数中多了一行：

```
double fun(int n);
```

可以判定，它不是函数定义，因为它没有函数体。其次在最后还多了一个分号，在 C 语言中，它被称为函数说明，也叫函数声明，一旦出现了函数说明，即可进行函数调用。

函数说明的一般形式为

```
类型说明符 被调函数名(类型 形参，类型 形参…)；
```

或为

```
类型说明符 被调函数名(类型，类型…)；
```

在以上说明中，括号内给出了形参的类型和形参名，或只给出形参类型。这便于编译系统进行检错，以防止可能出现的错误。

在例 7.7 中 main 函数中对 fun 函数的说明可写为

```
double fun(int n);
```

或写为

```
double fun(int);
```

C 语言中又规定在以下几种情况时可以省去主调函数中对被调函数的函数说明。

（1）如果被调函数的返回值是整型或字符型时，可以不对被调函数作说明，而直接调用。这时系统将自动对被调函数返回值按整型处理。

（2）当被调函数的函数定义出现在主调函数之前时，在主调函数中也可以不对被调函数再作说明而直接调用。

（3）如在所有函数定义之前，在函数外预先说明了各个函数的类型，则在以后的各主调函数中，可不再对被调函数作说明。

例 7.8

```
char str(int a);
float f(float b);
main()
{
……
}
char str(int a)
{
……
}
float f(float b)
{
……
}
```

其中第 1，2 行对 str 函数和 f 函数预先作了说明，因此在以后各函数中无须对 str 和 f 函数再作说明就可直接调用。

（4）对库函数的调用不需要再作说明，但必须把该函数的头文件用 include 命令包含在源文件前部。

● 任务实施

```
/*****求总成绩、平均成绩*****/
#include <stdio.h>
float sum(float score1,float score2)  //求和
{
   return score1+score2;
}
float avg(float score1,float score2) //求平均值
{
   return (score1+score2)/2;
}
main()
{
   float score1,score2;
```

```
    float sum1=0,avg1=0;
    printf("请输入第一门课学生成绩");
    scanf("%f",&score1);
    printf("请输入第二门课学生成绩");
    scanf("%f",&score2);
    sum1=sum(score1,score2); //调用函数
    avg1=avg(score1,score2);  //调用函数
    printf("该学生总分为%5.2f，平均分为%5.2f\n",sum1,avg1);
}
```

运行结果如图 7-2 所示。

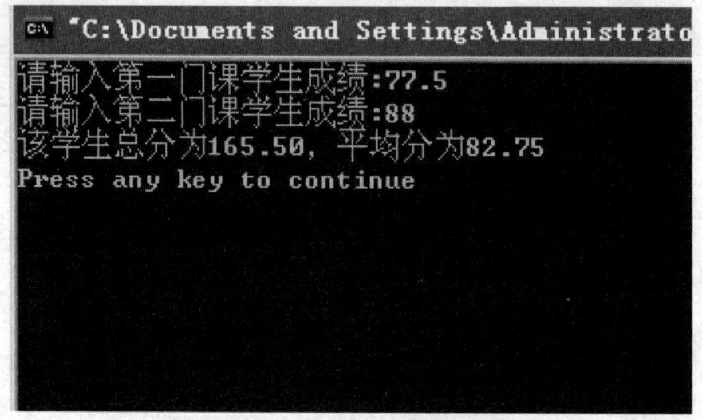

图 7-2　任务 2 运行结果图

● 特别提示

用函数解决实际问题的主要方法和步骤如下。

（1）确定问题的一个功能：如果一个问题很复杂可以划分为多个功能，每一个功能可以用一个函数来实现。

（2）分析函数：确定函数名称、函数参数、函数的返回值以及类型。

（3）构造函数：设计函数体。

（4）实现函数：用 C 语言的函数格式表示。

（5）测试函数。

任务 3　猜年龄——函数的递归调用

● 工作任务

5 个小朋友做游戏，第 1 个小朋友 4 岁，其余的年龄一个比一个大 1 岁，请猜第 5 个小朋友几岁？

● 思路指导

设 age(n)是求第 n 个人的年龄，根据题意可知：

```
age(1)=4
age(2)=age(1)+1
```

```
age(3)=age(2)+1
age(4)=age(3)+1
age(5)=age(4)+1
```

可用数学公式表述如下：

$$age(n)\begin{cases}4 & (n=1)\\ age(n-1)+1 & (n>1)\end{cases}$$

● 相关知识

一个函数在其函数体内调用它自身称为递归调用。C 语言中允许函数的递归调用。

在递归函数中，由于存在着自调用过程，为防止自调用过程无休止地继续下去，在函数体内必须设置某种条件。这种条件通常用 if 语句来控制，当条件成立时终止自调用过程，并使程序控制逐步从函数中返回。

例 7.9　求 Fibonacci 数列前 12 项的和

分析：

$$fib(n)\begin{cases}1 & (n=1)\\ 1 & (n=2)\\ fib(n-1)+fib(n-2) & (n>2)\end{cases}$$

程序如下：

```
fib(int n)
{
  int f;
  if (n==1||n==2)
        f=1;
  else
        f=fib(n-1)+fib(n-2);
  return f;
}
main()
{
  int i,s=0;
  for (i=1;i<=12;i++)
     s=s+fib(i);
printf("n=12,s=%d",s);
}
```

运行结果为

```
n=12,s=376
```

● 任务实施

猜年龄游戏程序清单如下：

```
/*****猜年龄*****/
#include <stdio.h>
age(int n)
{
    int c;
    if(n==1) c=4;
    else c=age(n-1)+1; //递归调用
    return c;
}
main()
{
    printf("age(5)=%d",age(5));
}
```

运行结果如图 7-3 所示。

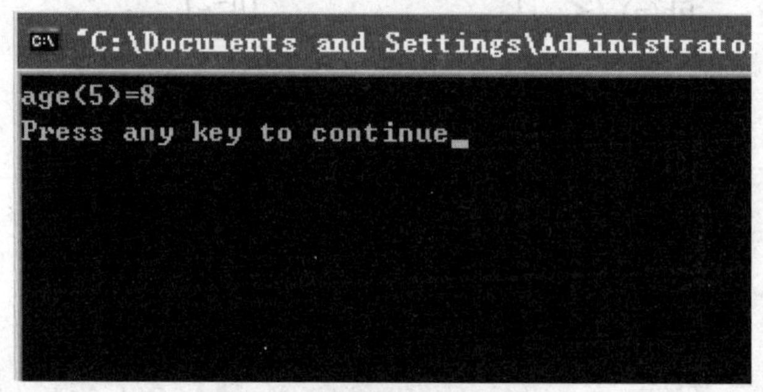

图 7-3 任务 3 运行结果图

● 特别提示

（1）在 C 语言中，一个函数的定义中出现对另一个函数的调用，就是函数的嵌套调用。由此可知，递归调用属于嵌套调用。

（2）递归调用在调用函数本身的过程中不是无限制调用，必须有语句控制，使调用终止。例如在上面的程序函数 age 中，如果 n==1，则停止调用，否则程序陷入死循环。

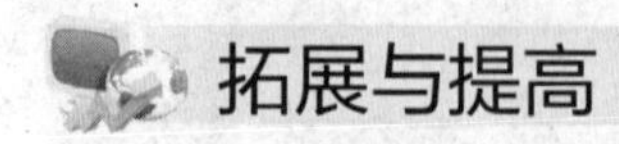

拓展与提高

（一）数组作为函数参数

数组可以作为函数的参数，进行数据传送。数组用作函数参数有两种形式，一种是把数组元素（下标变量）作为实参使用；另一种是把数组名作为函数的形参和实参使用。

1．数组元素作函数实参

数组元素就是下标变量，它与普通变量并无区别，因此它作为函数实参使用与普通变量是完全相同的，在发生函数调用时，把作为实参的数组元素的值传送给形参，实现单向的值传送。

例 7.10　判别一个整数数组中各元素的值，若大于 0 则输出该值，若小于等于 0 则输出 0 值

编程如下：

```
void comp(int c)
{
    if(c>0)
        printf("%d ",c);
    else
        printf("%d ",0);
}
main()
{
    int a[5],i;
    printf("input 5 numbers\n");
    for(i=0;i<5;i++)
    {
        scanf("%d",&a[i]);
        comp(a[i]);
    }
}
```

例 7.10 中首先定义了一个无返回值的函数 comp，并说明其形参 c 为整型变量。在函数体中根据 c 值输出相应的结果。在 main 函数中用一个 for 语句输入数组各元素，每输入一个就以该元素作实参调用一次 comp 函数，即把 a[i]的值传送给形参 c，在 comp 函数中判断数组元素是否大于 0，并输出结果。

2．数组名作为函数参数

用数组名作函数参数与用数组元素作实参有以下几点不同。

（1）用数组元素作实参时，只要数组类型和函数的形参变量的类型一致，那么作为下标变量的数组元素的类型也和函数形参变量的类型是一致的。因此，并不要求函数的形参也是下标变量。换句话说，对数组元素的处理是按普通变量对待的。用数组名作函数参数时，则要求形参和相对应的实参都必须是类型相同的数组，都必须有明确的数组说明。当形参和实参二者不一致时，即会发生错误。

（2）在普通变量或下标变量作函数参数时，形参变量和实参变量是由编译系统分配的两个不同的内存单元。在函数调用时发生的值传送是把实参变量的值赋予形参变量。在用数组名作函数参数时，不是进行值的传送，即不是把实参数组的每一个元素的值都赋予形参数组的各个元素。因为实际上形参数组并不存在，编译系统不为形参数组分配内存。那么，数据的传送是如何实现的呢？数组名就是数组的首地址，因此在数组名作函数参数时所进行的传送只是地址的传送，也就是说把实参数组的首地址赋予形参数组名。实际上是形参数组和实参数组为同一数组，共同拥有一段内存空间。

例 7.11　数组 a 中存放了一个学生 5 门课程的成绩，求平均成绩

编程如下：

```
float avg(float a[5])
{
    int i;
    float av,s=0;
    for(i=0;i<5;i++)
       s=s+a[i];
       av=s/5;
    return av;
}
void main()
{
    float score[5],av;
      int i;
      printf("\n input 5 scores:\n");
      for(i=0;i<5;i++)
          scanf("%f",&score[i]);
      av=avg(score);
      printf("average score is %5.2f\n",av);
}
```

例 7.11 首先定义了一个实型函数 avg，有一个形参为实型数组 a，长度为 5。在函数 avg 中，各元素值相加求出平均值，并返回平均值。主函数 main 中首先完成数组 score 的输入，然后以 score 作为实参调用 avg 函数，函数返回值赋给 av，最后输出 av 值。从运行情况可以看出，程序实现了所要求的功能。

（3）在变量作函数参数时，所进行的值传送是单向的，即只能从实参传向形参，不能从形参传回实参。形参的初值和实参相同，而形参的值发生改变后，实参并不变化，两者的终值是不同的。而当用数组名作函数参数时，情况则不同。由于实际上形参和实参为同一数组，因此当形参数组发生变化时，实参数组也随之变化。调用函数之后实参数组的值将由于形参数组值的变化而变化。为了说明这种情况，把例 7.10 改为例 7.12 的形式。

例 7.12　判别一个整数数组中各元素的值，若大于 0 则输出该值，若小于等于 0 则输出 0 值

这里用数组名作为函数参数，编程如下：

```
void comp(int b[5])
{
    int i;
    printf("\n 数组 b 的值为:\n");
    for(i=0;i<5;i++)
    {
        if(b[i]<0) b[i]=0;
         printf("%d ",b[i]);
    }
}
main()
{
    int a[5],i;
    printf("input 5 numbers\n");
    for(i=0;i<5;i++)
    {
        scanf("%d",&a[i]);

   }
    printf("数组 a 的初始值为:\n");
     for(i=0;i<5;i++)
         printf("%d ",a[i]);
     comp(a);
     printf("\n 函数调用后数组 a 的值为:\n");
     for(i=0;i<5;i++)
         printf("%d ",a[i]);
}
```

例 7.12 中函数 comp 的形参为整型数组 b，长度为 5。主函数中实参数组 a 也为整型，长度也为 5。在主函数中首先输入数组 a 的值，然后输出数组 a 的初始值。以数组名 a 为实参调用 comp 函数。在 comp 中，小于 0 的数组元素重新赋值为 0，并输出形参数组 b 的值。返回主函数之后，再次输出数组 a 的值。从运行结果可以看出，数组 a 的初值和终值是不同的，数组 a 的终值和数组 b 是相同的。这说明实参形参为同一数组，它们的值同时得以改变。

用数组名作为函数参数时还应注意以下几点。

① 形参数组和实参数组的类型必须一致，否则将引起错误。

② 形参数组和实参数组的长度可以不相同，因为在调用时，只传送首地址而不检查形参数组的长度。当形参数组的长度与实参数组不一致时，虽不至于出现语法错误（编译能通过），但程序执行结果将与实际不符，这是应予以注意的。

③ 在函数形参表中，允许不给出形参数组的长度，或用一个变量来表示数组元素的个数。

例如，可以写为

```
void comp(int a[])
```

或写为

```
void comp(int a[], int n)
```

其中形参数组 a 没有给出长度，而由 n 值动态地表示数组的长度。n 的值由主调函数的实参进行传送。

由此，例 7.12 又可改为例 7.13 的形式。

例 7.13

```
void comp(int b[],int n)
{
    int i;
    printf("\n 数组 b 的值为: \n");
    for(i=0;i<n;i++)
    {
        if(b[i]<0) b[i]=0;
       printf("%d ",b[i]);
    }
}
main()
{
    int a[5],i;
    printf("input 5 numbers\n");
    for(i=0;i<5;i++)
    {
        scanf("%d",&a[i]);
    }
    printf("数组 a 的初始值为: \n");
    for(i=0;i<5;i++)
      printf("%d ",a[i]);
    comp(a,5);
    printf("\n 函数调用后数组 a 的值为: \n");
    for(i=0;i<5;i++)
```

```
    printf("%d ",a[i]);
}
```

例 7.13 中函数形参数组 b 没有给出长度，由 n 动态确定该长度。在 main 函数中，函数调用语句为 comp(b,5)，其中实参 5 将赋予形参 n 作为形参数组的长度。

④多维数组也可以作为函数的参数。在函数定义时对形参数组可以指定每一维的长度，也可省去第一维的长度。因此，以下写法都是合法的。

```
int arr(int a[3][10])
或
int arr(int a[][10])
```

（二）变量作用域

C 语言中所有的变量都有自己的作用域，变量说明的方式不同，其作用域也不同，C 语言中的变量，按作用域范围可分为两种，即局部变量和全局变量。

1. 局部变量

局部变量也称为内部变量。局部变量是在函数内部作定义说明的，其作用域仅限于函数内，离开该函数后再使用这种变量是非法的。

例 7.14

```
int f1(int a)
{
int b,c;
……
}
int f2(int x)
{
int y,z;
……
}
main()
{
int m,n;
……
}
```

在函数 f1 内定义了 3 个变量，a 为形参，b，c 为一般变量。在 f1 的范围内 a，b，c 有效，或者说 a，b，c 变量的作用域限于函数 f1 内。同理，x，y，z 变量的作用域限于函数 f2 内，m，n 变量的作用域限于函数 main 内。

● 特别提示

（1）主函数中定义的变量也只能在主函数中使用，不能在其他函数中使用。同时，主函数中也不能使用其他函数中定义的变量。因为主函数也是一个函数，它与其他函数是平行关系。

（2）形参变量是属于被调函数的局部变量，实参变量是属于主调函数的局部变量。

（3）允许在不同的函数中使用相同的变量名，它们代表不同的对象，分配不同的单元，互不干扰，也不会发生混淆。

（4）在复合语句中也可定义变量，其作用域只在复合语句中起作用。

例 7.15

```
main()
{
  int i=2,j=3,k;
  k=i+j;
  {
    int k=8;
    printf("%d\n",k); //复合语句中的 k
 }
printf("%d\n",k);  //main 函数中的 k
}
```

本程序在 main 中定义了 i，j，k3 个变量，其中 k 未赋初值。而在复合语句内又定义了一个变量 k，并赋初值为 8。应该注意这两个 k 不是同一个变量。在复合语句外由 main 定义的 k 起作用，而在复合语句内则由在复合语句内定义的 k 起作用。因此程序第 4 行的 k 为 main 函数所定义，其值应为 5。第 7 行输出 k 的值，该行在复合语句内，由复合语句内定义的 k 起作用，其初值为 8，故输出值为 8，第 9 行输出 k 的值，应输出 5。

2. 全局变量

全局变量也称为外部变量，它是在函数外部定义的变量。全局变量不属于哪一个函数，它属于一个源程序文件，其作用域是整个源程序。在函数中使用全局变量，一般应作全局变量说明。

全局变量的说明符为 extern。在一个函数之前定义的全局变量，在该函数内使用可不再加以说明。

例 7.16

```
/*** 变量 x，y 作用域 ***/
int a,b;  /*外部变量*/
void f1()  /*函数 f1*/
{
    ……
}
float x,y;  /*外部变量*/
int f2()  /*函数 fz*/
```

```
{
    ……
}
main()  /*主函数*/
{
    ……
}
```

从上例可以看出 a、b、x、y 都是在函数外部定义的外部变量，都是全局变量。但 x，y 定义在函数 f1 之后，而在 f1 内又无对 x，y 的说明，所以它们在 f1 内无效。a，b 定义在源程序最前面，因此在 f1，f2 及 main 内不加说明也可使用。

例 7.17　输入正方体的长宽高 l，w，h，求体积及 3 个面 x*y，x*z，y*z 的面积

```
int s1,s2,s3;
int vs( int a,int b,int c)
{
int v;
v=a*b*c;
s1=a*b;
s2=b*c;
s3=a*c;
return v;
}
main()
{
int v,l,w,h;
printf("\n input length,width and height\n");
scanf("%d%d%d",&l,&w,&h);
v=vs(l,w,h);
printf("v=%d s1=%d s2=%d s3=%d\n",v,s1,s2,s3);
}
```

本程序中定义了 3 个外部变量 s1、s2、s3，用来存放 3 个面积，其作用域为整个程序。函数 vs 用来求正方体体积和 3 个面积，函数的返回值为体积 v。由主函数完成长宽高的输入及结果输出。由于 C 语言规定函数返回值只有一个，当需要增加函数的返回数据时，用外部变量是一种很好的方式。本例中，如不使用外部变量，在主函数中就不可能取得 v、s1、s2、s3 四个值。而采用了外部变量，在函数 vs 中求得的 s1、s2、s3 值在 main 中仍然有效。因此外部变量是实现函数之间数据通信的有效手段。对于全局变量还有以下几点说明。

（1）外部变量定义必须在所有的函数之外，且只能定义一次。其一般形式为

```
[extern] 类型说明符 变量名,变量名…
```

其中方括号内的 extern 可以省去不写。例如：int a,b;等效于 extern int a,b;。

而外部变量说明出现在要使用该外部变量的各个函数内，外部变量说明的一般形式为

```
extern 类型说明符 变量名,变量名,…;
```

外部变量在定义时就已分配了内存单元，外部变量定义可作初始赋值，外部变量说明不能再赋初始值，只是表明在函数内要使用某外部变量。

（2）外部变量使得函数的独立性降低，从模块化程序设计的观点来看这是不利的，因此在不必要时尽量不要使用全局变量。

（3）在同一源文件中，允许全局变量和局部变量同名。在局部变量的作用域内，全局变量不起作用。

例 7.18

```
int vs(int l,int w)
    {
        extern int h;  // 外部变量说明
        int v;
        v=l*w*h;
        return v;
     }
     main()
     {
      extern int w,h;  // 外部变量说明
      int l=5;
      printf("v=%d",vs(l,w));
}
 int l=3,w=4,h=5;  // 外部变量定义
```

运行结果为：v=100

本例程序中，外部变量在最后定义，因此在前面函数中对要用的外部变量必须进行说明。外部变量 l，w 和 vs 函数的形参 l，w 同名。外部变量都作了初始赋值，main 函数中也对 l 作了初始化赋值。执行程序时，在 printf 语句中调用 vs 函数，实参 l 的值应为 main 中定义的 l 值，等于 5，外部变量 l 在 main 内不起作用；实参 w 的值为外部变量 w 的值为 4，进入 vs 后这两个值传送给形参 l，vs 函数中使用的 h 为外部变量，其值为 5，因此 v 的计算结果为 100，返回主函数后输出。

（三）变量的存储类别

1. 动态存储方式与静态存储方式

从变量的作用域角度来分，可以分为全局变量和局部变量，从变量存在的作用时间（即生存周期）角度来分，可以分为静态存储方式和动态存储方式。

静态存储方式：是指在程序运行期间分配固定的存储空间的方式。

动态存储方式：是在程序运行期间根据需要进行动态分配存储空间的方式。

用户存储空间可以分为 3 个部分：程序区、静态存储区、动态存储区。全局变量全部

放在静态存储区中，在程序开始执行时给全局变量分配存储区，程序运行完毕就释放。程序执行过程中它们占据固定的存储单元，而不是动态地分配和释放。

动态存储区存放以下数据：函数形式参数、自动变量、函数调用实参的现场保护和返回地址。对于以上数据，在函数开始调用时分配动态存储空间，函数结束时释放这些空间。静态存储变量和动态存储变量的存储类型如下。

```
auto（自动变量）：自动存储类型
register（寄存器变量）：寄存器存储类型
extern（外部变量）：外部存储类型
static（静态变量）：静态存储类型
```

自动变量和寄存器变量属于动态存储方式，外部变量和静态变量属于静态存储方式。

2. 自动变量

这种存储类型是C语言程序中使用最广泛的一种类型。C语言规定，函数内凡未加存储类型说明的变量均视为自动变量，也就是说自动变量可省去说明符auto。在前面各章的程序中所定义的变量凡未加存储类型说明符的都是自动变量。例如：

```
{ int i,j,k;
char c;
……
}
```

等价于：

```
{ auto int i,j,k;
  auto char c;
……
}
```

自动变量具有以下特点。

（1）自动变量的作用域仅限于定义该变量的个体内。在函数中定义的自动变量只在该函数内有效。在复合语句中定义的自动变量只在该复合语句中有效，如例7.19所示。

例7.19

```
int kv(int a)
{
auto int x,y;
{ auto char c;
} /*c的作用域*/
……
} /*a,x,y的作用域*/
```

（2）自动变量属于动态存储方式，只有在使用它，即定义该变量的函数被调用时才给它分配存储单元，开始它的生存期。函数调用结束，释放存储单元，结束生存期。因此函数调用结束之后，自动变量的值不能保留。在复合语句中定义的自动变量，在退出复合语句后也不能再使用，否则将引起错误。

（3）由于自动变量的作用域和生存期都局限于定义它的个体内（函数或复合语句内），因此不同的个体中允许使用同名的变量而不会混淆，即使在函数内定义的自动变量也可与该函数内部的复合语句中定义的自动变量同名。例 7.20 就表明了这种情况。

例 7.20

```
main()
{
auto int a,s=100,p=100;
printf("\n input a number: \n");
scanf("%d",&a);
if(a>0)
{
auto int s,p;
s=a+a;
p=a*a;
printf("s=%d p=%d\n",s,p);
}
printf("s=%d p=%d\n",s,p);
}
```

本程序在 main 函数中和复合语句内两次定义了变量 s，p 为自动变量。按照 C 语言的规定，在复合语句内，应由复合语句中定义的 s，p 起作用，故 s 的值应为 a+a，p 的值为 a*a。退出复合语句后的 s，p 应为 main 所定义的 s，p，其值在初始化时给定，均为 100。从输出结果可以分析出两个 s 和两个 p 虽变量名相同， 但却是两个不同的变量。

3．寄存器变量

各类变量都存放在存储器内，因此当对一个变量频繁读写时，必须要反复访问内存储器，从而花费大量的存取时间。为此，C 语言提供了另一种变量，即寄存器变量。这种变量存放在 CPU 的寄存器中，使用时，不需要访问内存，而直接从寄存器中读写，这样可提高效率。寄存器变量的说明符是 register。对于循环次数较多的循环控制变量及循环体内反复使用的变量均可定义为寄存器变量。

例 7.21　求 1+2+3+…+200 的值

```
main()
{
   register i,s=0;
   for(i=1;i<=200;i++)
       s=s+i;
   printf("s=%d\n",s);
}
```

本程序循环 200 次，i 和 s 都将频繁使用，因此可定义为寄存器变量。对寄存器变量还要说明以下几点。

（1）只有局部自动变量和形式参数才可以定义为寄存器变量。因为寄存器变量属于动态存储方式。

（2）在 Turbo C，MS C 等微机上使用的 C 语言中，实际上是把寄存器变量当成自动变量处理的，因此速度并不能提高。而在程序中允许使用寄存器变量只是为了与标准 C 保持一致。

（3）即使能真正使用寄存器变量的机器，由于 CPU 中寄存器的个数是有限的，因此使用寄存器变量的个数也是有限的。

（4）凡需要采用静态存储方式的变量不能定义为寄存器变量。

4．外部变量

在前面介绍全局变量时已介绍过外部变量。这里再补充说明外部变量的几个特点。

（1）外部变量和全局变量是对同一类变量的两种不同角度的提法。全局变量是从它的作用域提出的，外部变量从它的存储方式提出的，表示了它的生存期。

（2）当一个源程序由若干个源文件组成时，在一个源文件中定义的外部变量在其他的源文件中也有效。如例 7.22 所示的一个源程序由源文件 F1.C 和 F2.C 组成。

例 7.22

```
F1.C:
        int a,b;  /*外部变量定义*/
        char c; /*外部变量定义*/
        main()
        {
        ……
        }
F2.C:
        extern int a,b; /*外部变量说明*/
        extern char c; /*外部变量说明*/
        func (int x,y)
        {
        ……
        }
```

在 F1.C 和 F2.C 两个文件中都要使用 a、b、c 三个变量。在 F1.C 文件中把 a、b、c 都定义为外部变量。在 F2.C 文件中用 extern 把三个变量说明为外部变量，表示这些变量已在其他文件中定义，编译系统不再为它们分配内存空间。

（3）对构造类型的外部变量，如数组等可以在说明时作初始化赋值，若不赋初值，则系统自动定义它们的初值为 0。

5. 静态变量

静态变量的类型说明符是 static。 静态变量当然是属于静态存储方式，但是属于静态存储方式的变量不一定就是静态变量，例如外部变量虽属于静态存储方式，但不一定是静态变量，必须由 static 加以定义后才能成为静态外部变量，或称静态全局变量。

对于自动变量，前面已经介绍它属于动态存储方式。但是也可以用 static 定义它为静态自动变量，或称静态局部变量，从而成为静态存储方式。

由此看来，一个变量可由 static 进行再说明，并改变其原有的存储方式。

（1）静态局部变量。

在局部变量的说明前再加上 static 说明符就构成了静态局部变量。

例如：

```
        static int a,b;
        static float array[5]={1,2,3,4,5};
```

静态局部变量属于静态存储方式，它具有以下特点。

静态局部变量在函数内定义，但不像自动变量那样，当调用时就存在，退出函数时就消失。静态局部变量始终存在着，也就是说它的生存期为整个源程序。

静态局部变量的生存期虽然为整个源程序，但是其作用域仍与自动变量相同，即只能在定义该变量的函数内使用该变量。退出该函数后，尽管该变量还继续存在，但不能使用它。

允许对构造类静态局部量赋予初值。若未赋予初值，则由系统自动赋予 0 值。

对基本类型的静态局部变量若在说明时未赋予初值，则系统自动赋予 0 值。而对自动变量不赋予初值，则其值是不定的。

根据静态局部变量的特点，可以看出它是一种生存期为整个源程序的变量。虽然离开定义它的函数后不能使用，但如再次调用定义它的函数时，它又可继续使用，而且保存了前次被调用后留下的值。

因此，当多次调用一个函数且要求在调用之间保留某些变量的值时，可以考虑采用静态局部变量。虽然用全局变量也可以达到上述目的，但全局变量有时会造成意外的副作用，因此仍以采用局部静态变量为宜。

例 7.23

```
main()
{
    int i;
    void f();  /*函数说明*/
    for(i=1;i<=5;i++)
    f();  /*函数调用*/
}
void f()  /*函数定义*/
```

```
{
    auto int j=0;
    ++j;
    printf("%d\n",j);
}
```

运行结果如图 7-4 所示。

```
"C:\Documents and Settings\Admini
1
1
1
1
1
Press any key to continue
```

图 7-4 例 7.23 运行结果图

在例 7.23 中，程序中定义了函数 f，其中的变量 j 说明为自动变量并赋予初始值为 0。当 main 中多次调用 f 时，j 均赋初值为 0，故每次输出值均为 1。现在把 j 改为静态局部变量，程序如例 7.24 所示。

例 7.24

```
main()
{
    int i;
    void f();  /*函数说明*/
    for(i=1;i<=5;i++)
    f();  /*函数调用*/
}
void f()  /*函数定义*/
{
    static int j=0;
    ++j;
    printf("%d\n",j);
}
```

运行结果如图 7-5 所示。

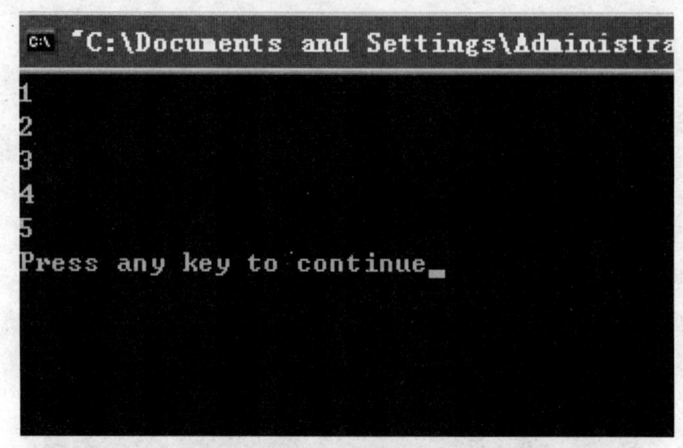

图 7-5　例 7.24 运行结果图

由于 j 为静态变量，能在每次调用后保留其值并在下一次调用时继续使用，所以输出值成为累加的结果。读者可自行分析其执行过程。

（2）静态全局变量。

在全局变量（外部变量）的说明之前再冠以 static 就构成了静态的全局变量。全局变量本身就是静态存储方式，静态全局变量当然也是静态存储方式。这两者在存储方式上并无不同，两者的区别在于非静态全局变量的作用域是整个源程序，当一个源程序由多个源文件组成时，非静态的全局变量在各个源文件中都是有效的；而静态全局变量则限制了其作用域，即只在定义该变量的源文件内有效，在同一源程序的其他源文件中不能使用它。由于静态全局变量的作用域局限于一个源文件内，只能为该源文件内的函数公用，因此可以避免在其他源文件中引起错误。

从以上分析可以看出，把局部变量改变为静态变量后是改变了它的存储方式，即改变了其生存期，把全局变量改变为静态变量后是改变了它的作用域，限制了其使用范围。因此 static 这个说明符在不同的地方所起的作用是不同的，应予以注意。

（四）内部函数与外部函数

函数的本质是全局的，因为一个函数要被另一个函数调用，但是也可以指定函数不能被其他文件调用。根据函数能否被其他源文件所调用，将函数分为内部函数和外部函数。

内部函数的定义格式为

```
static 类型说明符 函数名(形参表)
 {……}
```

外部函数的定义格式为

```
extern 类型说明符 函数名(形参表)
```

单元小结

函数在 C 语言中是非常重要的内容，也是今后学习编程语言的基础。本单元重点讨论了函数的声明与调用方法，分别对函数的参数、函数的返回值及函数参数的传递方式进行了描述，最后介绍了函数的递归调用方式，注意在递归调用时，一定要有结束条件。在拓展中介绍了变量的作用域和存储类别。通过本单元的学习，读者能够学会编写和调用函数，编写程序时可以将一个小功能编写为一个函数，方便程序的模块化设计，避免代码冗余。

思考与训练

1. 选择题

（1）C语言中的函数返回值的类型是由（　　）决定。

A．return 语句中的表达式

B．调用函数的主调函数

C．调用函数时临时

D．定义函数时所指定的函数类型

（2）下面的描述中不正确的是（　　）。

A．调用函数时，实参可以是表达式

B．调用函数时，实参和形参可以共用内存单元

C．调用函数时，将形参分配内存单元

D．调用函数时，实参与形参的类型必须一致

（3）在C语言中，调用一个函数时，实参变量和形参变量之间的数据传递是（　　）。

A．地址传递

B．值传递

C．由实参传递给形参，并由形参传回给实参

D．由用户指定传递方式

（4）下面的函数调用语句中含有（　　）个实参。

```
int a,b,c;
int sum(int x1,int x2);
......
total=sum((a,b),c);
```

A．2　　B．3　　C．4　　D．5

（5）在C语言中（　　）。

A．函数的定义可以嵌套，但函数的调用不可以嵌套

B．函数的定义和调用均不可以嵌套

C．函数的定义不可以嵌套，但是函数的调用可以嵌套

D．函数的定义和调用均可以嵌套

（6）关于C语言中的 return 语句，下面的描述正确的是（　　）。

A．只能在主函数中出现

B．在每个函数中都必须出现

C. 可以在一个函数中出现多次

D. 只能在除主函数之外的函数中出现

2. 填空题

（1）C 语言中定义函数时如果未指定函数类型，则默认的函数类型是______。

（2）C 语言中没有返回值的函数类型应指定为______。

（3）下面函数返回值的类型是______。

```
float fun(float a,double b)
{return a*b;}
```

（4）发生函数调用时，实参和形参间的数据传递有两种方式，即______和______。

（5）在一个函数内部调用另一个函数的调用方式称为______，在一个函数内部直接或间接调用该函数本身的调用方式称为函数的______。

（6）如果被调函数在主调函数后定义，一般应该在主调函数中或主调函数前对被调函数进行______。

（7）C 语言中的变量按其作用域分为______和______，按其生存期分为______和______。

（8）已知如下函数定义，其函数声明的两种写法为______，______。

```
double fun(long m,double n)
{return (m+n);}
```

（9）C 语言中变量的存储类别包括______，______，______和______。

（10）下面程序的执行结果是______。

```
int d=1;
fun(int p)
{
    int d=5;
    d+=p++;
    printf("%d",d);
}
main()
{
    int a=3;
    fun(a);
    d+=a++;
    printf("%d",d);
}
```

3. 编程题

（1）编写程序，用函数实现小型计算器的加、减、乘、除功能。

（2）练习编写有参函数，求两个整数中的最大值。

第8单元 指针

问题引入

我们前面曾经提出如果定义一个变量，就会在内存开辟空间存放变量的数据。在程序中引用变量名来使用这个内存空间，而编译时计算机则使用内存的地址来引用它。如果我们定义了一个整型变量 int sum=0;，那么内存就开辟了一个整型变量的空间存放 sum 的值。

那么每一个变量都有一个对应的内存地址，我们还可以定义一个存放内存地址的变量，就是指针，存储在指针中的地址是另一个变量的首地址。我们可以定义指针变量 p，存放变量 sum 的首地址，变量 sum 是一个值为 0 的整型变量。存储在 p 中的地址是 sum 的第一个字节的地址。

指针是 C 语言中最强大的工具之一，是精华所在，也是最容易让人困惑的主题。只有在正确理解指针概念的基础上，才能对其操作熟练地运用。

知识目标

1. 了解指针概念
2. 掌握指针变量的定义、赋值、引用
3. 了解指针变量可作为函数参数
4. 了解指针与数组

技能目标

1. 能够运用指针指向变量
2. 会运用指针变量作为函数参数
3. 会运用指针指向数组

任务1 交换两个变量的值——指针概述

● 工作任务

通过编程解决两个变量数据交换的问题，这里我们使用指针变量指向两个整型变量，并且完成交换。

● 思路指导

定义变量：定义两个整型变量 int a,b。

定义指针：定义两个指针变量 int *p1, *p2。

输入：a,b 的值。

交换：将两个指针指向两个整型变量，运用指针完成 a 与 b 值的交换。

● 相关知识

一个变量的地址称为该变量的指针。可以将指针定义为变量，存放不同的变量地址。

（一）指针变量的定义

格式：基类型 *指针变量名

举例：

```
int *p1;  （定义 p1 为指向整型变量的指针变量）
char *p2; （定义 p2 为指向字符型变量的指针变量）
float *p3; （定义 p3 为指向实型变量的指针变量）
```

int、char、float 分别称为指针变量 p1、p2、p3 的“基类型”，“基类型”意为指针变量所指变量的类型，不是指针变量的类型。

（二）指针变量赋值

1. 通过取地址运算符（&）获得地址值

单目运算符（&）用来求出运算对象的地址，利用它可以把一个变量的地址赋给指针变量。

举例：

```
int a=5, *p, *q;
p=&a;
scanf ("%d",&a);和 scanf("%d",p);是等价的。
```

2. 通过指针变量获得地址值

可以通过赋值运算，把一个指针变量中的地址值赋给另一个指针变量，从而使这两个指针变量指向同一地址。例如，若有上面的定义，则语句 q=p;使指针变量 q 中也存放了变量 a 的地址，也就是说指针变量 p 和 q 都指向了整型变量 a。

注意：赋值号两边指针变量的基类型必须相同。

3. 给指针变量赋“空”值

格式：p=NULL;

NULL 是在 stdio.h 头文件中定义的预定义符，因此在使用 NULL 时，应该在程序的前面出现预定义行：# include "stdio.h"。

（三）指针变量的引用

注意，&、*运算符是用在指针变量上的，而不是“位与”，“乘”运算符。&运算符（取地址运算符）表示取变量的地址；*运算符（指针运算符、间接访问运算符）表示访问指针变量指向的变量的值。

● 任务实施

1. 流程图（如图 8-1 所示）

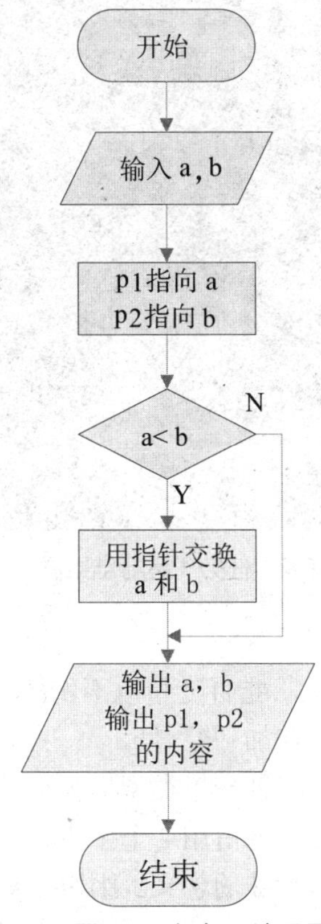

图 8-1 任务 1 流程图

2. 程序代码

```
# include "stdio.h"
 Main()
   {int a, b, *p1, *p2,p;
   printf("请输入 a 和 b: \n");
    scanf("%d,%d", &a, &b);
    p1=&a; p2=&b;
    if (a<b)                        //用指针交换 a,b
       {p=*p1; *p1=*p2; * p2=p;}
    printf ("\na=%d,b=%d\n", a, b);
    printf ("指针 1max=%d, 指针 2min=%d\n", *p1, *p2);
    }
```

程序运行结果如图 8-2 所示。

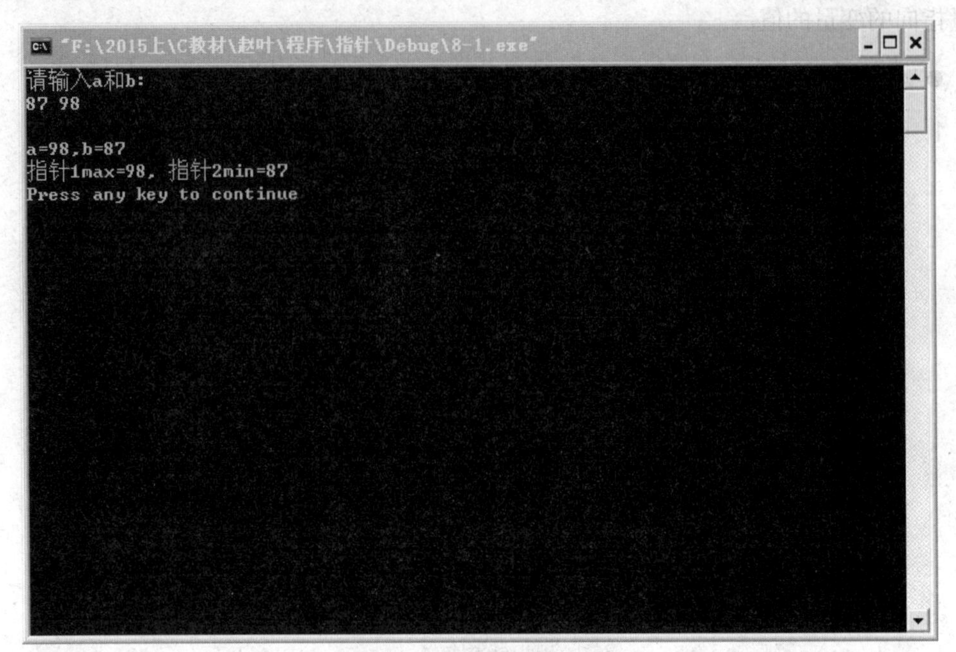

图 8-2　任务 1 运行结果图

● 特别提示

（1）C 语言变量“先定义后使用”，指针变量也不例外，为了表示指针变量是存放地址的特殊变量，定义变量时要在变量名前加“*”号。

（2）指针变量的基类型（简称：指针变量类型）为指针变量所指向数据的类型。我们知道，整型数据占用 2 个字节，浮点数据占用 4 个字节，字符数据占用 1 个字节。指针变量类型使得指针变量的某些操作具有特殊的含义。比如，pt1++;不是将地址值增 1，而是表示将地址值+2（指向后面一个整数）。

（3）指针变量的基类型：实际上是指针变量所指向空间存储的数据的类型。

（4）本程序中定义语句中的*p1 和*p2 功能是定义两个指针变量，而交换和输出语句中出现的*p1 和*p2 功能是指针变量指向的变量的值，即 a 和 b。

任务 2　三个数排序——指针变量作为函数参数

● 工作任务

下面我们编写一个程序，完成 3 个数由小到大排序。可以把两个数交换编写成自定义函数，如果用变量名作为函数参数，参数传递是单向的，形参数据交换了但实参仍然不变。所以本任务考虑应用指针作为函数参数。

● 思路指导

自定义函数：swap(*pi,*pj)，应用指针作为函数参数完成数据交换。

主函数：输入三个整数 int a,b,c。

条件判断：三个数中 a 和 b 比较，如果 a 比 b 大就交换；b 和 c 比较，如果 b 比 c 大交换；a 和 c 比较，如果 a 比 c 大交换。

交换：调用自定义函数 swap。

● 相关知识

指针变量作为函数的参数，格式为

```
函数名(*指针变量)
```

功能：用指针变量作函数的参数将实参值传递给形参。

注意：实参和形参都要是指针变量。

● 任务实施

1. 流程图（如图 8-3 所示）

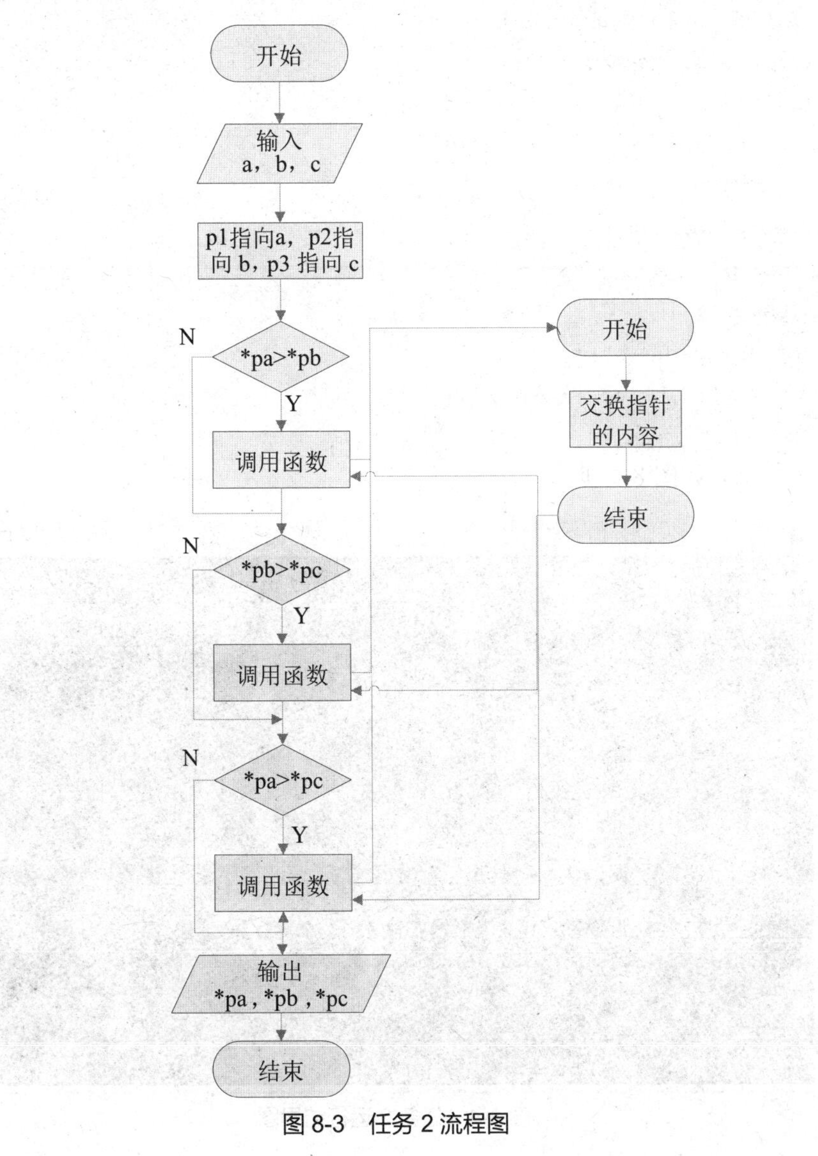

图 8-3 任务 2 流程图

2. 程序代码

```
void swap(int *p1,int *p2)
{
     int temp;
     temp=*p1; *p1=*p2; *p2=temp;    //交换指针指向变量的值
}
main()
{
int a,b,c;
int *pa, *pb, *pc;
printf("请输入 a,b,c: \n");
scanf("%d %d %d",&a,&b,&c);
pa=&a; pb=&b; pc=&c;
if (*pa>*pb)
swap(pa,pb);          //调用交换函数
  if(*pb>*pc)
     swap(pb,pc);
if (*pa>*pc)
swap(pa,pc);
printf("swaped: \n");
 printf("a=%d,b=%d,c=%d\n",*pa, *pb, *pc);
}
```

程序运行结果如图 8-4 所示。

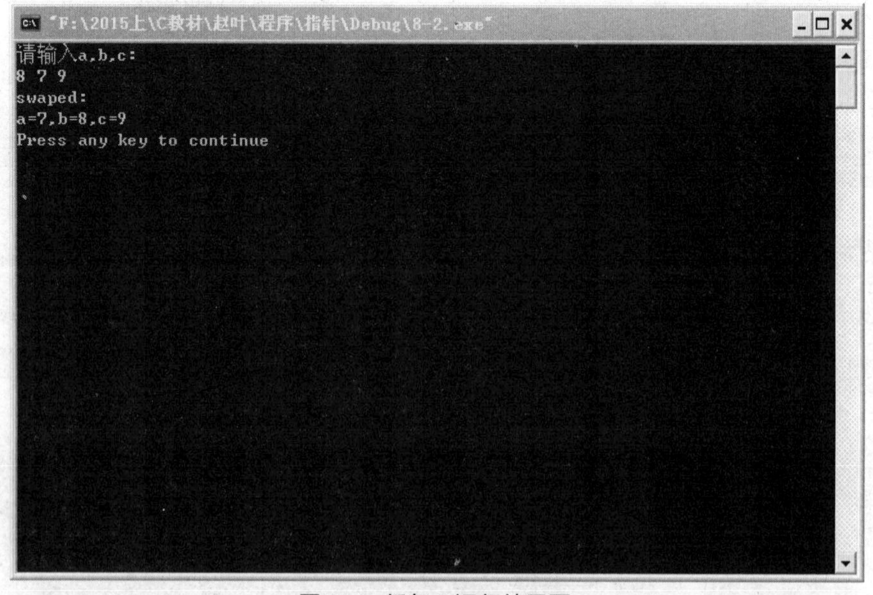

图 8-4　任务 2 运行结果图

● 特别提示

被调用函数 swap 中通过参数传递获得了实参指针变量指向的变量地址，此时形参指针变量 p1，p2 也已经分别指向实参指针变量所指向的变量 a，b。也就是说实参、形参指针变量指向共同的变量。在函数 swap 中可通过形参指针交换形参指针变量 p1，p2 所指向的变量的值。返回 main()函数后 p1，p2 仍然指向 a，b。但是 a，b 的值已经交换。

任务 3 字母放大镜——通过指针访问数组

● 工作任务

我们玩过字符放大游戏，利用 Flash 动画可以制作字符串中每一个字符放大的效果。本任务是编写 C 程序实现一个小写字符串中每个字母放大为大写字母的效果。我们准备利用指针操作字符数组来完成任务。

● 思路指导

字符串初始化：定义字符串 a[20]和 b[20]，并用 gets 函数输入字符串 a。

数组的指针：定义指针变量指向两个数组首地址*p1，*p2。

循环条件判断：循环判断每个字符是否为小写字母。

处理：将小写字母转换为大写字母，其余字母不变，存入数组 b。

输出字符串：输出“放大”后的字符串 b。

● 相关知识

变量在内存中是按地址存取的，数组在内存中也是按地址存取的。指针变量可以用于存放变量的地址，可以指向变量，当然也可以存放数组的首地址和数组元素的地址，这就是说，指针变量可以指向数组或数组元素，对于数组而言，数组和数组元素的引用，也同样可以用指针变量实现。

(一) 数组的指针

1. 指向数组的指针变量定义

存放数组元素地址的变量，称为指向数组的指针变量。

2. 数组的指针变量的定义

格式：数组基类型 *p;

```
p=数组名; p=&数组名[0]
```

或

```
数组基类型 *p=数组名;
```

假如 p=a，把数组的首地址赋给指针变量 p，那么 a[i]甚至可以表示为 p[i]（指针变量带下标）。

3. 说明

数组的指针变量的定义与数组元素的指针变量的定义相同，实质就是基类型指针变量的定义。

例如：int a[10], *p;，定义了一个整型数组 a，如果需要定义指向该数组的指针变量就要定义一个整型指针变量 p。

4. 数组指针变量的初始化

（1）定义时初始化。可以使用已经定义的数组的数组名来初始化数组的指针变量。

例如：int a[10], *p=a;，在定义数组的指针变量 p 的同时初始化指向已经定义的数组 a。

（2）通过赋值初始化。将数组的首地址赋值给数组的指针变量。

例如：

```
int a[10], *p;，定义了一个整型数组 a，一个整型指针变量 p。
p=a;或者 p=&a[0];，将数组 a 的首地址赋值给整型变量 p，此时 p 就是指向数组的指针变量。
```

5. 通过指针引用数组元素

（1）指针 p+i 的含义：不是地址值 p 增加 i 个字节后的地址值，而是 p 向后移动 i 个基类型元素后的地址值。p–i，p++，p-–都有类似的含义。

（2）通过指针引用数组元素。

前面的章节都是通过下标来访问数组元素的，数组元素的访问还可以通过指针完成。

①数组元素的地址表示。

假如：p 定义为指向数组 a 的指针。数组元素 a[i]的地址可以表示为：&a[i],p+i,a+i。

②数组元素的访问。

例如：数组元素 a[i]的访问可以是：a[i], * (p+i), * (a+i)。

数组指针变量，数组名在许多场合甚至可以交换使用。

假如 p=a，那么 a[i]甚至可以表示为 p[i]（指针变量带下标）。

（二）字符串的指针

C 语言中，以字符'\0'作为字符串结束标志。虽然 C 语言中没有字符串数据类型，但却可以使用“字符串常量”。字符串常量被隐含处理成一个以'\0'结尾的无名的字符型一维数组。

1. 字符串指针的定义与赋值

（1）定义时赋初值使指针指向一个字符串。

例如：

```
char *ps="Hello!";
```

（2）通过赋值运算使字符指针指向字符串。

例如：

```
char *ps;
ps="Hello!";
```

2. 字符数组与字符串的区别

在 C 语言中，有关字符串的大量操作都与字符串标志'\0'有关，因此，在字符数组中的有效字符后面加上'\0'这一特定情况下，可以把这种一维字符数组看作“字符串变量”。

● 任务实施

1. 流程图（如图 8-5 所示）

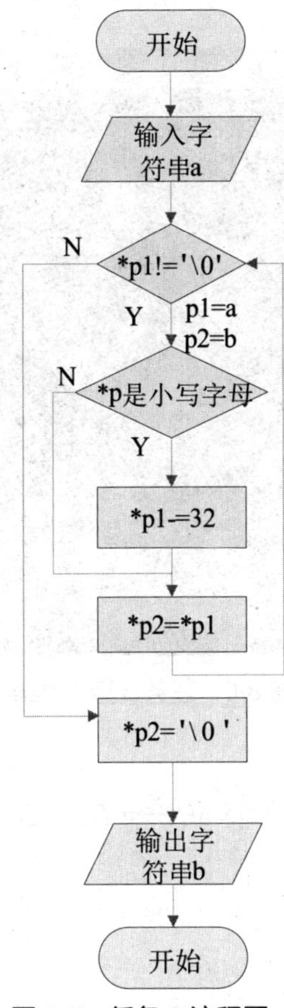

图 8-5　任务 3 流程图

2. 程序代码

```
# include "stdio.h"
main ()
{char a[20], b[20], *p1, *p2;
 int i;
 printf("请输入字符串: \n");
 gets(a);
 for(p1=a,p2=b; *p1!='\0'; p1++, p2++) //循环
     if(*p1>='a'&&*p1<='z')
     { *p1=*p1-32; *p2=*p1;}
     else
        *p2=*p1;
*p2='\0';                                   //为 p2 加结束标志
printf("放大镜: ");
```

```
puts(b);
}
```

程序运行结果如图 8-6 所示。

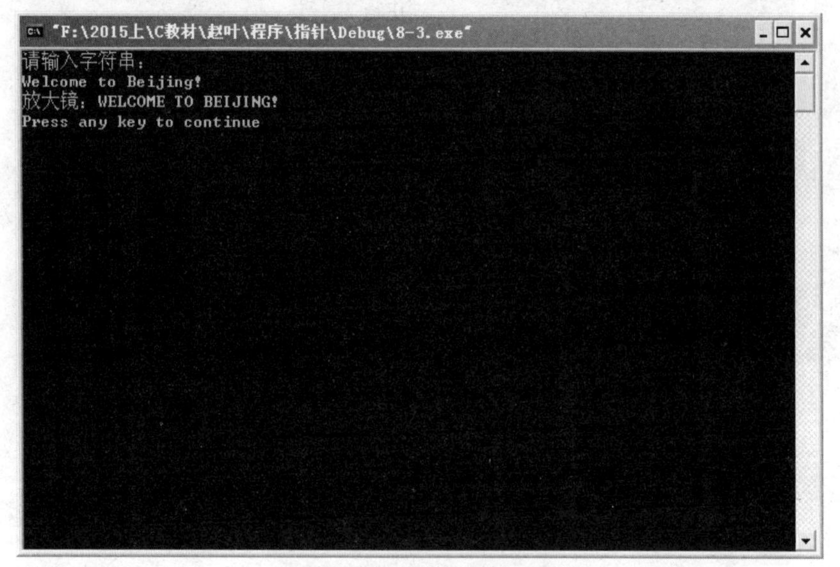

图 8-6　任务 3 运行结果图

● 特别提示

此题可以思考如何实现加密，如将 a/A→e/E，b/B→f/F,…，w/W→a/A……

拓展与提高

（一）指针与二维数组

指针可以指向一维数组，也可以指向二维数组。二维数组的指针是二维数组的地址（首地址）。二维数组的指针变量就是存放二维数组地址的变量。

二维数组的数组元素与一维数组的数组元素一样既可以用下标表示（访问），又可以用指针表示（访问），还可以用下标与指针组合表示（访问）。二维数组是常用的多维数组，后面以二维数组为例进行分析，分析的结果也可以推广到一般的多维数组。

1. 二维数组的地址

我们知道指针和地址密切相关，要清楚地理解二维数组指针，首先必须对二维数组地址有个清晰的认识。

假设一个二维数组 int s[3][4]。

s 数组是一个 3×4（3 行 4 列）的二维数组。可以将它想象为一个矩阵，各个数组元素按行存储，即先存储 s[0]行各个元素（s[0][0],...,s[0][3]），再存储 s[1]行各个元素（s[1][0],...,s[1][3]），最后存储 s[2]行各个元素（s[2][0],...,s[2][3]）。

因为二维数组 s 可以看成由一维数组作为数组元素的数组，在内存中按行顺序存放，s

是元素为行数组的一维数组的数组名，就是说 s 是元素为行数组的一维数组的首地址，s+i 即元素为行数组的一维数组的第 i 个元素的地址，即：* (s+i)=s[i]。同理：s[i]（i=0~2）是第 i 个行数组的数组名，s[i]+j 就是第 i 个行数组中第 j 个元素的地址。也就是说，二维数组任何一个元素 s[i][j]的地址可以表示为：s[i]+j，即二维数组任何一个元素 s[i][j]= * (s[i]+j)。

综上所述，二维数组任何一个元素 s[i][j]的地址可以表示为

```
&s[i][j]=s[i]+j=*(s+i)+j
```

因此，二维数组任何一个元素可以表示为

```
s[i][j]=* (s[i]+j)=* (* (s+i)+j)
```

事实上 s[i][j] 还可以表示为* (s+i)[j], * (&s[0][0]+m*i+j) （m 为列数）

2. 指向二维数组的指针变量

典型例题：用指向元素的指针变量输出数组元素的值。

```
main()
{
int a[3][4]={{0,2,4,6},{1,3,5,7},{9,10,11,12}};
int *p;
for(p=a[0]; p<a[0]+12; p++)
{
  if((p-a[0])%4==0)printf("\n");
  printf(*p);
}
}
```

（二）指针数组

由若干个指针变量组成的数组称为指针数组，指针数组也是一种数组，数组的概念都适用于它。但是指针数组与普通的数组又有区别，它的数组元素是指针类型的，只能用来存放地址值。

也就是说，指针数组是一组有序的指针的集合。指针数组的所有元素都必须是具有相同存储类型和指向相同数据类型的指针变量。

指针数组格式为

```
类型说明符*数组名[数组长度]
```

其中类型说明符为指针值所指向的变量的类型。例如：int *pa[3] 表示 pa 是一个指针数组，它有 3 个数组元素，每个元素值都是一个指针，指向整型变量。通常可用一个指针数组来指向一个二维数组。指针数组中的每个元素被赋予二维数组每一行的首地址，因此也可理解为指向一个一维数组。

例 8.1

```
int a[3][3]={1,2,3,4,5,6,7,8,9};
int *pa[3]={a[0],a[1],a[2]};
int *p=a[0];
```

```
main(){
int i;
for(i=0;i<3;i++)
printf("%d,%d,%d\n",a[i][2-i],*a[i],* (* (a+i)+i));
for(i=0;i<3;i++)
printf("%d,%d,%d\n",*pa[i],p[i],* (p+i));
}
```

在例 8.1 中，pa 是一个指针数组，三个元素分别指向二维数组 a 的各行。然后用循环语句输出指定的数组元素。其中*a[i]表示 i 行 0 列元素值；* (* (a+i)+i)表示 i 行 i 列的元素值；*pa[i]表示 i 行 0 列元素值；由于 p 与 a[0]相同，故 p[i]表示 0 行 i 列的值；* (p+i)表示 0 行 i 列的值。

这里要注意指针数组和二维数组指针变量的区别，这两者虽然都可用来表示二维数组，但是其表示方法和意义是不同的。

二维数组指针变量是单个的变量，其一般形式中"(*指针变量名)"两边的括号不可少。而指针数组类型表示的是多个指针（一组有序指针），在一般形式中"*指针数组名"两边不能有括号。例如：int (*p)[3];表示一个指向二维数组的指针变量，该二维数组的列数为 3 或分解为一维数组的长度为 3；int *p[3]表示 p 是一个指针数组，有 3 个下标变量：p[0]、p[1]、p[2]，均为指针变量。

单元小结

本章主要介绍了指针的概念、赋值与引用，还介绍了指向数组的指针、指向字符串的指针，最后讨论了二维数组的指针和指针数组。

所谓指针其实就是地址，由于可以通过地址找到存储于内存中的变量，所以形象地把地址称为指针。

指针变量是存储地址的变量，通过指针变量可以很方便地对存储于内存单元中的变量进行操作。

在用指针处理数组时，可以通过指针的移动来访问数组的每一个元素。在用指针处理字符串时，可以充分利用字符串结束标志'\0'。

二维数组被看做是按行顺序存放的一维数组，指针的处理也可以同一维数组。指针数组一般用来处理多个字符串的情况，或多维数组的行。

思考与训练

1. 选择题

（1）若 char s[10], *p=s;，则下列语句错误的是（　　）。

A．p=s+5　　B．s=[p+s]　　C．s[2]=p[4]　　D．*p=s[0]

（2）已知定义 char **s;，下列语句正确的是（　）。

A．s="computer"　　B．*s="computer"

C．**s="computer"　　D．*s='A'

（3）C 语言主函数最多允许有（　）个参数。

A．1　　B．2　　C．3　　D．4

（4）说明语句 int(*p)()的含义是（　）。

A．p 是一个指针型函数，返回值为指针

B．p 是指针变量，它指向一个整型数据的指针

C．p 是一个指向函数的指针，该函数的返回值为整型

D．以上答案都不对

（5）下列语句中，能表示 p 是一个指向整型变量的指针变量的是（　）。

A．int **p　　B．int *p　　C．int (*p)()　　D．int*p[]

（6）下列叙述中，错误的是（　）。

A．一个变量的地址称为该变量的指针

B．一个指针变量只能指向同一数据类型的变量

C．指针变量中只能存放地址

D．指针变量可以由整型数赋值

（7）若有以下定义语句：int var,arr[10],*p;，则以下语句中非法的是（　）。

A．p=&var　　B．p=arr　　C．p=10　　D．p=&arr[5]

（8）两个指针变量不可以进行的操作是（　）。

A．相加　　B．相减　　C．指向同一个地址　　D．比较

2．填空题

（1）以下程序的功能是：从终端输入一行字符，以“$”作为结束，把该字符串存放在字符数组 s 中，然后输出，请在空白处填上适当的语句使程序完整。

```
#include "stdio.h"
#define MAXSIZE 100
main( )
{ char str[MAXSIZE],*p;
int n;
for(n=0;n< MAXSIZE-1;n++)
{
  str[n]=getchar();
  if(str[n]== '$')
  break;
}
str[n]=________;
p=str;
```

```
while(*p)
putchar(________);
}
```

（2）以下程序的执行结果是________。

```
void f(int a,int b,int *p1,int *p2)
{
  *p1=a*b;
  *p2=a%b;
}
main()
{
int x,y, *p, *q;
x=10;y=4;
p=&x;q=&y;
f(x,y,p,q);
printf("%d,%d\n",*p, *q);
}
```

3. 程序题

（1）利用指针的方法，求数组中的最大数和最小数。

（2）用“选择法”对 10 个整数进行排序。

第 9 单元 结构体和文件

问题引入

首先看一个例子：新生入学登记表，要求记录每个学生的学号、姓名、性别、年龄、身份证号、家庭住址、联系方式等信息。我们可以用表 9-1 登记。

表 9-1 新生入学登记表

学号	姓名	性别	年龄	身份证号	家庭住址	联系方式
11301	张平	W	19	130102201611260611	河北石家庄桥西区	15832113459
11302	李民	M	20	130102201511260610	河北石家庄裕华区	15934567871
……	……	……	……	……	……	……

我们可以用前面章节学过的数组来解决此问题，在此问题中，因为要有很多学生的信息要处理，按照我们前面学习过的知识，数组是由相同类型的数据构成的，所以我们可以使用 7 个单独的数组（学号数组 no、姓名数组 name、性别数组 sex、年龄数组 age、身份证号数组 pno、家庭住址数组 addr、联系方式数组 tel）分别保存这几类信息。虽然分别设立的几个数组将给数据的处理造成麻烦，但很多计算机语言只能这样处理（如：早期的 FORTRAN、PASCAL、BASIC）。这时，我们可以用 C 语言提供的结构体数据类型来处理此问题。

另外，在前面各单元进行数据处理时，无论数据量有多大，每次运行程序都须通过键盘输入，程序处理的结果也只能输出到屏幕上，如果将输入或输出的数据以磁盘文件的形式存储起来，则在进行大批量数据处理时将会十分方便。本单元通过两个任务完成复杂数据的组织和存储。

知识目标

1. 掌握结构体类型的定义方法
2. 掌握结构体类型变量、数组和指针的定义方法
3. 掌握结构体成员的引用方法
4. 掌握结构体类型变量的赋值
5. 了解编译预处理命令的使用方法
6. 了解文件的基本概念

7. 了解文件操作的几个重要函数

技能目标

1. 结构体的应用——能够建立联系人员信息表
2. 文件的操作——小型通讯录的实现

任务1 存储联系人信息——结构体的应用

● 工作任务

办公室主任小孙为了工作方便，计划用 C 语言编写一个程序，实现本部门人员联系信息的存储和输出，联系人信息如表 9-2 所示。

表 9-2　联系人信息表

姓名	性别	出生日期	身份证号	家庭住址	联系方式
李新平	W	1960.3.25	130102196003250611	石家庄市瑞嘉花园 3-1-101	15934585431
张良	M	1978.4.23	130102197804230610	石家庄市都市京华 4-5-302	18750577568
……	……	……	……	……	……

● 思路指导

C 语言利用结构体将同一个对象的不同类型数据，组成一个有联系的整体。也就是说可以定义一种结构体类型将属于同一个对象的不同类型的数据组合在一起。

结构体是一种自定义数据类型。在本任务中，需要存储、输出多个联系人（对象）的信息，可以使用数组元素为结构体类型的数组，其中每个元素是一个联系人（对象）的相关的整体信息。

● 相关知识

（一）定义结构体类型

结构体是一种构造类型（自定义类型），除了结构体变量需要定义后才能使用外，结构体的类型本身也需要定义。结构体由若干“成员”组成。每个成员可以是一个基本的数据类型，也可以是一个已经定义的结构体类型。

1. 结构类型定义的一般形式

```
struct 结构体名
{
  类型 1 成员 1;
  类型 2 成员 2;
   …
  类型 n 成员 n;
};
```

2. 几点说明

（1）结构体名：结构体类型的名称。遵循标识符命名规则。

（2）结构体有若干数据成员，分别属于各自的数据类型，结构体成员名同样遵循标识符规定，名字可以与程序中其他变量或标识符同名。

（3）使用结构体类型时，“struct 结构体名”作为一个整体，表示名字为“结构体名”的结构体类型。

（4）结构体类型的成员可以是基本数据类型，也可以是其他的已经定义的结构体类型。学生信息的结构体类型定义如例 9.1 所示。

例 9.1　结构类型定义示例

```
struct student
{
 int no;
 char name[20];
 char sex;
 int age;
 char pno[19];
 char addr[80];
 char tel[12];
};
```

在此例中，struct student 是结构体类型名，struct 是关键词，在定义和使用时均不能省略。该结构体类型由 7 个成员组成，分别属于不同的数据类型。

(二) 定义和初始化结构体变量

1. 定义结构类型变量

（1）先定义结构体类型，再定义结构体变量。

```
结构体类型定义（前面已经介绍过）;
结构体变量定义;
```

其中，结构体变量定义的格式为

```
struct 结构体类型名 结构体变量名;
```

例如：

```
struct student
{
  int no;
  char name[20];
  char sex;
  int age;
  char pno[19];
  char addr[80];
  char tel[12];
```

```
}; /*定义结构体类型 struct student */
struct student student1,student2;  /*定义 2 个类型为 struct student */的结构体变量 student1,student2 */
```

（2）在定义结构体类型的同时定义结构体变量。

```
struct 结构体名
{  …结构成员…
}结构体变量名表;
```

例如：

```
struct student
{
 int no;
 char name[20];
 char sex;
 int age;
 char pno[19];
 char addr[80];
 char tel[12];
} student1,student2;
```

这是一种紧凑的格式，既定义类型，也定义变量，如果需要，在程序中还可以使用所定义的结构体类型，定义其他同类型变量。

（3）直接定义结构体变量（不给出结构体类型名，即匿名的结构体类型）。

```
struct
{  …结构成员…
}结构体变量名表;
```

例如：

```
struct student
{
 int no;
 char name[20];
 char sex;
 int age;
 char pno[19];
 char addr[80];
 char tel[12];
}student1,student2;
```

结构体类型与结构类型变量是两个不同的概念，在定义时一般先定义一个结构体类型，然后定义变量为该类型；赋值、存取或运算只能对变量，不能对类型；编译时只对变量分配空间，对类型不分配空间。

2. 结构体变量的初始化

结构体类型的变量存储类型可分为自动型、静态型和外部类型，但是没有寄存器类型的结构体类型变量。结构体变量初始化形式如下：

```
struct 结构体名
{
  类型 1 成员 1;
  类型 2 成员 2;
   ……
  类型 n 成员 n;
}变量名={初始化数据};
```

例 9.2 对结构类型变量的初始化

```
#include <stdio.h>
void main()
{
struct stu
   {
     int num;
     char *name;
     char sex;
     float score;
}boy2,boy1={102, "zhang ping", 'M',78.5};
   boy2=boy1;
   printf({"number=%d\n name=%s\n",boy2.num,boy2.name};
   printf({"sex=%c\n scorce=%f\n",boy2.sex,boy2.scorce};
}
```

（三）结构体变量的引用

结构体变量引用的基本格式为

```
结构体变量名.结构成员名
```

其中 “.” 运算符是结构成员引用运算符。

例如：

```
student1.num=11301;
scanf("%s",student1.name);
student1.age++;
```

（四）结构体数组

数组元素类型为结构体类型的数组称为结构体数组，C 语言允许使用结构体数组存放一类对象的数据。

类似结构体变量定义，只是将“变量名”用“数组名[长度]”代替，结构体数组的定义也有 3 种方式。

（1）先定义结构体类型，然后定义结构体数组：

```
struct 结构体名 {…};  struct 结构体名 结构体数组名[数组的长度];
```

（2）定义结构体类型的同时定义结构体数组：

```
struct 结构体名 {…}结构体数组名[数组的长度];
```

（3）匿名结构体数组定义：

```
struct {…}结构体数组名[数组的长度];
```

例 9.3　定义 30 个元素的结构体数组 stu，其中每个元素都是 struct student 类型

```
struct student
{
int no;
char name[20];
char sex;
int age;
char pno[19];
char addr[40];
char tel[20];
}stu[30];
```

定义了结构体数组后，可以采用："数组元素.成员名"方式引用结构体数组中某个数组元素。

● 任务实施

1．流程图（如图 9-1 所示）

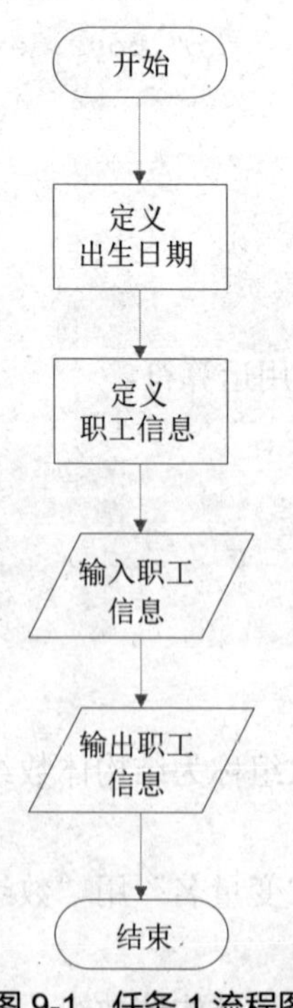

图 9-1　任务 1 流程图

2. 程序代码

```
#include <stdio.h>
void main()
{
  struct birthday      /*出生日期的定义*/
  {
    int year;
    int month;
    int day;
    };
 struct worker    /*职工信息的定义*/
 {
  char name[20];
  char sex;
  struct birthday date;
  char pno[19];
  char addr[80];
  char tel[12];
}zg[100];
  int i;
  printf("请输入职工信息: ");
  for(i=0;i<100;i++)
 {
 scanf("%s",zg[i].name);
 scanf("%c",zg[i].sex);
 scanf("%d",zg[i].birthday.year);
 scanf("%d",zg[i].birthday.month);
 scanf("%d",zg[i].birthday.day);
 scanf("%s",zg[i].pno);
 scanf("%s",zg[i].tel);
 }
 printf("姓名   性别   出生日期   身份证号     联系方式\n"
 for(i=1;i<100;i++)
 {
 printf("%s",zg[i].name);
 printf("%c",zg[i].sex);
 printf("%d",zg[i].birthday.year);
 printf("%d",zg[i].birthday.month);
 printf("%d",zg[i].birthday.day);
```

```
printf("%s",zg[i].pno);
printf("%s\n",zg[i].tel);
}
```

运行结果如图 9-2 所示。

图 9-2　任务 1 运行结果

● 特别提示

（1）结构成员本身又是结构体类型时的子成员的访问——使用成员运算符逐级访问。例如：

```
student1.birthday.year
student1.birthday.month
student1.birthday.day
```

（2）同一种类型的结构体变量之间可以直接赋值(整体赋值，成员逐个依次赋值)。例如：student2=student1;

（3）不允许将一个结构体变量整体输入/输出。

（4）在对结构体数组初始化时，要将每个元素的数据用“{}”括起来。

任务 2　实现小型通讯录——文件的运用

在前面各个单元进行数据处理时，无论数据量有多大，每次运行程序都须通过键盘输入，程序处理的结果也只能输出到屏幕上，如果将输入或输出的数据以磁盘文件的形式存储起来，则在进行大批量数据处理时将会十分方便。通过本任务我们将学习文件的概念、分类、文件指针、文件操作等相关知识。

● 工作任务

为了方便管理，班主任小王计划建立 2014 信息管理班通讯录，他想到本学期该班的学生正好学习了C语言程序设计课程，于是，他安排学习委员张雪利用C语言的文件操作设计开发一个小型的通讯录管理系统，至少具有如下功能。

（1）通讯录内的人员至少包括学号、姓名、地址、电话号码。

（2）显示所有人员的信息。

（3）通过输入姓名查找人员信息。

（4）通过输入姓名查找到要删除的人员信息，然后可以进行删除。

（5）通过输入姓名查找到要修改的人员信息，然后可以进行修改。

（6）添加人员信息。

● 思路指导

根据要求，通讯录数据以文本文件的形式存放在文件中，故需要提供文件的输入、输出等操作；还需要保存记录以进行修改、删除、查找等操作；另外还应提供键盘式选择菜单实现功能选择；可以根据要求添加用户想添加的人员信息。

● 相关知识

（一）初识文件

文件是计算机领域中的一个重要概念，通常是指存储在外部介质上的数据的集合。存储程序代码的文件称为程序文件，存储数据的文件称为数据文件。每个文件有一个名称，文件名是文件的标识，操作系统以文件为单位对数据进行管理，操作系统通过文件名访问文件。

1. 区别不同的文件

（1）文本文件和二进制文件。

根据文件的组织形式，文件可以分为文本文件和二进制文件。

① 文本文件（文本数据流）：一个文本数据流是一行行的字符，每一个字符以其ASCII码形式存放，每一个字符占一个字节。文本文件的优点是可以阅读，可以打印，但是计算机进行数据处理时需要转换为二进制数的形式。

② 二进制文件：将内存中的数据按照其在内存中的存储形式原样输出，并保存在文件中。二进制文件占用空间少，内存数据和磁盘数据交换时无须转换，但是二进制文件不可阅读、打印。

例如：同样的整数10 000，如果保存在文本文件中，就可以用edit文本编辑器阅读，它占用5个字节；如果保存在二进制文件中，不能阅读，但是我们知道一个整数在内存中用补码表示并占用4个字节，所以如果保存在二进制文件中就占用4个字节。

文本文件、二进制文件不是用后缀来确定的，而是以内容来确定的，但是文件后缀往往隐含其类别，如*.txt代表文本文件，*.exe代表二进制文件。

（2）缓冲文件系统和非缓冲文件系统。

① 缓冲文件系统：系统自动地在内存中为每个正在使用的文件开辟一个缓冲区。在从磁盘读数据时，一次从磁盘文件将一些数据输入到内存缓冲区（充满缓冲区），然后再从缓冲区逐个将数据送给接受变量；向磁盘文件输出数据时，先将数据送到内存缓冲区，

装满缓冲区后才一起输出到磁盘。这样就减少对磁盘的实际访问（读/写）次数，从而增加了程序执行的速度，但是占用了一块内存空间。此外，如果没有及时关闭文件会造成数据的丢失。

② 非缓冲文件系统：数据存放时直接通过磁盘，并不会将数据放到一个较大的内存空间中。由于篇幅有限，本书不予介绍。

（3）顺序存取文件和随机存取文件。

顺序存取文件的特点是：每当“打开”这类文件进行读写操作时，总是从文件的开始，从头到尾顺序读写。所以，当数据量非常庞大时，顺序存取的方式相当缓慢。

随机（直接）存取文件的特点是：可以通过调用 C 语言库函数指定开始读（或写）的字节号，然后进行读（或写）。利用随机存储的方式做数据查找时，通常会用一些公式来计算指针要指向哪一条数据，找到符合条件的数据后，再对该数据做存取操作。

无论是二进制文件还是 ASCII 码文件，C 语言都将其看作一个数据流，即文件是由一串连续的无间隔的字符数据构成，处理数据时不考虑文件的性质、类型和格式，只是以字节为单位对数据进行存取。

2. 操作文件的基本方法和步骤

C 语言操作文件主要有以下 3 个基本步骤：打开文件、读写数据、关闭文件。

程序在打开文件时，首先在内存中为输入、输出数据开辟缓冲区；向数据文件中写数据时，先将数据送入输出文件缓冲区中，当输出文件缓冲区写满时，再一起写到外存上；从数据文件中读取数据也是这样，只不过顺序相反。如果缓冲区不满时结束操作，文件中的数据就会丢失；但如果关闭文件，不管缓冲区是否已经写满，都会把缓冲区的数据写入外存中，使数据不会丢失。

不打开文件无法读写文件中的数据，不关闭文件就会浪费操作系统资源，并可能导致数据丢失。所以，在对文件的操作结束后，一定要及时关闭文件。

3. 指向文件——文件类型指针

（1）文件类型（结构体）——FILE 类型。

FILE 类型是一种结构体类型，在这个结构体中包含了缓冲区的大小、文件状态标志、文件描述符等信息。该结构类型在 C 语言系统中预先定义。包含在头文件"stdio.h"中。

程序使用一个文件，系统就为此文件开辟一个 FILE 类型变量，程序使用几个文件，系统就开辟几个 FILE 类型变量，存放各个文件的相关信息。

（2）文件指针。

通常对 FILE 结构体的访问是通过 FILE 类型指针变量（简称：文件指针）完成的，文件指针变量指向文件类型变量，简单地说，文件指针指向文件。

事实上只需要使用文件指针完成文件的操作，根本不必关心文件类型变量的内容。在打开一个文件后，系统开辟一个文件变量并返回此文件的文件指针；将此文件指针保存在一个文件指针变量中，以后所有对文件的操作都通过此文件指针变量完成；直到关闭文件，文件指针指向的文件类型变量释放。我们可以用语句 fp=fopen("mydata.txt", …);打开文件。执行时，系统开辟一个文件变量，并返回文件指针，将此指针赋值（保存）给文件指针变量 fp。可以用语句 fclose(fp);关闭文件，释放文件指针 fp 指向的文件变量。

4. 打开与关闭文件

使用文件要遵循一定的规则，同其他高级语言一样，C 语言中在使用文件之前应该首先打开文件，使用结束后要及时关闭文件。

（1）文件的打开（fopen 函数）。

调用 fopen 的格式是：

```
FILE *fp;
```

注意：一定将函数返回的文件指针赋值给“文件指针变量”。

例如：

```
FILE *fp;
fp=fopen("d:\\a1.txt", "r");
```

说明

① 打开 d:盘根目录下文件名为 a1.txt 的文件，打开方式“r”表示只读。

② fopen 函数返回指向 d:\a1.txt 的文件指针，然后赋值给 fp，fp 指向此文件，即 fp 与此文件关联。

③ 关于文件名要注意：文件名包含“文件名.扩展名”；路径要用“\\”表示。

（2）关于打开方式。

a. 文件打开一定要检查 fopen 函数的返回值，因为有可能文件不能正常打开。不能正常打开时 fopen 函数返回 NULL。

可以用下面的形式检查：

```
if((fp=fopen(…))==NULL){ printf("error open file\n"); exit(1); }
```

b.“r”方式：只能从文件读入数据而不能向文件写入数据。该方式要求欲打开的文件已经存在。

c.“w”方式：只能向文件写入数据而不能从文件读入数据。如果文件不存在，创建文件，如果文件存在，原来的文件被删除，然后重新创建文件（相当覆盖原来的文件）。

d.“a”方式：在文件末尾添加数据，而不删除原来的文件。该方式要求欲打开的文件已经存在。

e.“+”（“r+,w+,a+”）：均为可读、可写。但是“r+”，“a+”要求文件已经存在，“w+”无此要求；“r+”打开文件时文件指针指向文件开头，“a+”打开文件时文件指针指向文件末尾。

f.“b、t”：以二进制或文本方式打开文件，默认是文本方式，t 可以省略。读文本文件时，将“回车/换行”转换为一个“换行”；写文本文件时，将“换行”转换为“回车/换行”。

g. 程序开始运行时，系统自动打开 3 个标准文件：标准输入、标准输出、标准出错输出。一般这 3 个文件对应于终端（键盘、显示器）。这 3 个文件不需要手工打开就可以使用。标准输入，标准输出，标准出错输出对应的文件指针分别是 stdin,stdout,stderr。

（3）文件的关闭（fclose 函数）。

文件使用完毕后必须关闭，以避免数据丢失。

格式：fclose(文件指针);

（二）读写文本文件（ASCII 码文件）

在程序中，当调用输入函数从外部文件中输入数据赋给程序中的变量时，这种操作称为读操作。当调用输出函数把程序中变量的值或程序运行结果输出到外部文件中时，这种操作称为写操作。下面给出几个读写文本文件的函数。

1. 文件的字符输入输出函数

（1）fputc()函数——写一个字符到磁盘文件。

格式：fputc(ch,fp)

功能：将字符 ch 写入 fp 所指向的文件。

返回：输出成功返回值——输出的字符 ch；输出失败——返回 EOF（-1）。

其他说明：每次写入一个字符，文件位置指针自动指向下一个字节。

例 9.4　从键盘输入一行字符，写入到文本文件 string.txt 中

```
#include <stdio.h>
void main()
{
  FILE *fp;
  char ch;
  if((fp=fopen("string.txt","w"))==NULL)
  /* 打开文件 string.txt(写) */
  {
    printf("can't open file\n");exit(1);
  }
  do   /* 不断从键盘读字符并写入文件，直到遇到换行符 */
  {
    ch=getchar();  /* 从键盘读取字符 */
    fputc(ch,fp);  /* 将字符写入文件 */
  }while(ch!= '\n');
  fclose(fp);  /* 关闭文件 */
}
```

（2）fgetc()函数——从磁盘文件读一个字符。

格式：ch=fgetc(fp);

功能：从 fp 所指向的文件读一个字符，字符由函数返回。返回的字符可以赋值给 ch，也可以直接参与表达式运算。

返回：输入成功返回输入的字符；遇到文件结束返回 EOF（-1）。

说明

① 每次读入一个字符，文件位置指针自动指向下一个字节。

② 文本文件的内部全部是 ASCII 字符，其值不可能是 EOF(−1)，所以可以使用 EOF（−1）确定文件结束；但是对于二进制文件不能这样做，因为可能在文件中间某个字节的值恰好等于−1，如果此时使用−1 判断文件结束是不恰当的。为了解决这个问题，ANSI C 提供了 feof(fp)函数判断文件是否真正结束。

2. 测试文件结束函数 feof()

Feof()函数——测试文件是否结束

格式：feof(fp);

功能：在程序中判断被读文件是否已经读完，feof 函数既适合文本文件，也适合二进制文件结束的判断。

返回：当遇到结束标志时，函数返回值是 1，否则返回值为 0。

例 9.5　将磁盘上一个文本文件的内容复制到另一个文件中

```
#include <stdio.h>
main()
{
 FILE *fp_in,*fp_out;
 char infile[20],outfile[20];
 printf("Enter the infile name: ");
 scanf("%s",infile);          /* 输入欲复制的源文件的文件名 */
 printf("Enter the outfile name: ");
 scanf("%s",outfile);         /* 输入复制的目标文件的文件名 */
 if((fp_in=fopen(infile, "r"))==NULL)     /* 打开源文件 */
 {
  printf("can't open file: %s",infile);  exit(1);
 }
 if((fp_out=fopen(outfile, "w"))==NULL)     /* 打开目标文件 */
 {
  printf("can't open file: %s",outfile);  exit(1);
 }
 while(!feof(fp_in))                 /* 若源文件未结束 */
 {
fputc(fgetc(fp_in),fp_out); /* 从源文件读一个字符，写入目标文件 */
 }
 fclose(fp_in);      /* 关闭源、目标文件 */
 fclose(fp_out);
}
```

3. 文件的字符串输入输出函数

（1）fgets()函数——从磁盘文件读一个字符串。

格式：fgets(字符串指针变量 str,字符串长度 n,文件指针变量 fp)。

功能：从 fp 所指向的文件读 n-1 个字符，并将这些字符放到以 str 为起始地址的单元中。如果在读入 n–1 个字符结束前遇到换行符或 EOF，读入结束。字符串读入后最后加一个'\0'字符。

返回：输入成功返回输入串的首地址；遇到文件结束或出错返回 NULL。

例 9.6　编制一个将文本文件中全部信息显示到屏幕的程序

```
#include <stdio.h>
void main(int argc,char *argv[])
{
  FILE *fp;
  char string[81]; /* 最多保存 80 个字符，外加一个字符串结束标志 */
  if(argc!=2||(fp=fopen(argv[1], "r"))==NULL) /* 打开文件 */
  {
    printf("can't open file"); exit(1);
  }
  while(fgets(string,81,fp)!=NULL)
/* 如果未读到文件末尾（EOF）,函数不会返回 NULL,继续循环（执行循环体） */
/* 从文件一次读 80 个字符，遇换行或 EOF，提前带回字符串 */
    printf("%s",string);  /* 打印串 */
  fclose(fp);  /* 关闭文件 */
}
```

（2）fputs()函数——写一个字符串到磁盘文件。

格式：fputs(字符串 str,文件指针变量 fp)。

功能：向 fp 所指向的文件写入以 str 为首地址的字符串。

返回：输入成功返回 0；出错返回非 0 值。

例 9.7　在文本文件 string.txt 末尾添加若干行字符

```
#include <stdio.h>
void main()
{
  FILE *fp;
  char s[81];
  if((fp=fopen("string.txt","a"))==NULL)  /* 打开文件 */
  {
    printf("can't open file\n"); exit(1);
  }
```

```
  while(strlen(gets(s))>0)  /* 从键盘读入一个字符串，遇到空行(strlen=0)结束 */
  {
    fputs(s,fp);  /* 将字符串写进文件 */
    fputs("\n",fp);  /* 补一个换行符 */
  }
  fclose(fp);  /* 关闭文件 */
}
```

4. 文件的格式输入输出函数

格式化文件读写函数 fprintf、fscanf 与函数 printf、scanf 作用基本相同，区别在于 fprintf、fscanf 读写的对象是磁盘文件，printf、scanf 读写的对象是终端。

格式：

```
fprintf(fp,格式字符串,输出表列);
fscanf(fp,格式字符串,输入表列);
```

其中：fp 是文件指针。

例如：

```
fprintf(fp,"%d,%f",i,j);
```

将整型变量 i 和实型变量 j 的值按照%d 和%f 的格式输出到 fp 指向的文件中。

```
fscanf(fp,"%d%f",i,j);
```

从 fp 所指向的文件中读取一个整型数据赋值给变量 i,一个实型数据赋值给变量 j。

（三） 读写二进制文件

从文件（特别是二进制文件）读写一块数据（如一个数组元素，一个结构体变量的数据——记录）时，使用数据块读写函数非常方便。

数据块读写函数的调用形式为

```
int fread(void *buffer,int size,int count,FILE *fp);
int fwrite(void *buffer,int size,int count,FILE *fp);
```

其中：

（1）buffer 是指针，对 fread 用于存放读入数据的首地址；对 fwrite 是要输出数据的首地址。

（2）size 是一个数据块的字节数（每块大小），count 是要读写的数据块块数。

（3）fp 是文件指针。

（4）fread、fwrite 返回读取/写入的数据块块数（正常情况=count）。

（5）以数据块方式读写，文件通常以二进制方式打开。

例如：

```
float f[2];
FILE *fp=fopen("...","r");
fread(f,4,2,fp);  /* 或 fread(f,sizeof(float),2,fp); */
```

例 9.8　从键盘输入一批学生的数据，然后把它们转存到磁盘文件 stud.dat 中

```
#include <stdio.h>
#include <stdlib.h>
#include <ctype.h>
struct student
{
  int num;
  char name[20];
  char sex;
  int age;
  float score;
};  /* 共 5 个成员，占用 29 bytes */
void main()
{
  struct student stud;
  char numstr[20],ch;
/* numstr 为临时字符串，保存学号/年龄/成绩，然后转换为相应类型; ch 为 Y/N */
  FILE *fp;
  if((fp=fopen("stud.dat","wb"))==NULL)  /* 以二进制、写方式打开文件 */
  {
    printf("can't open file stud.dat\n");
    exit(1);
  }
  do
  {
    printf("enter number: "); gets(numstr); stud.num=atoi(numstr);
    printf("enter name: "); gets(stud.name);
    printf("enter sex: "); stud.sex=getchar(); getchar();
    printf("enter age: "); gets(numstr); stud.age=atoi(numstr);
printf("enter score: "); gets(numstr); stud.score=atof(numstr);
/* 每次将一个准备好的结构体变量的所有内容写入文件（写一个记录） */
fwrite(&stud,sizeof(struct student),1,fp);
    printf("have another student record(y/n)? ");
    ch=getchar();
getchar();
  }while(toupper(ch)=='Y');  /* 循环读数据/写记录 */
  fclose(fp);  /* 关闭文件 */
}
```

● 任务实施

1. 流程图（如图 9-3 所示）

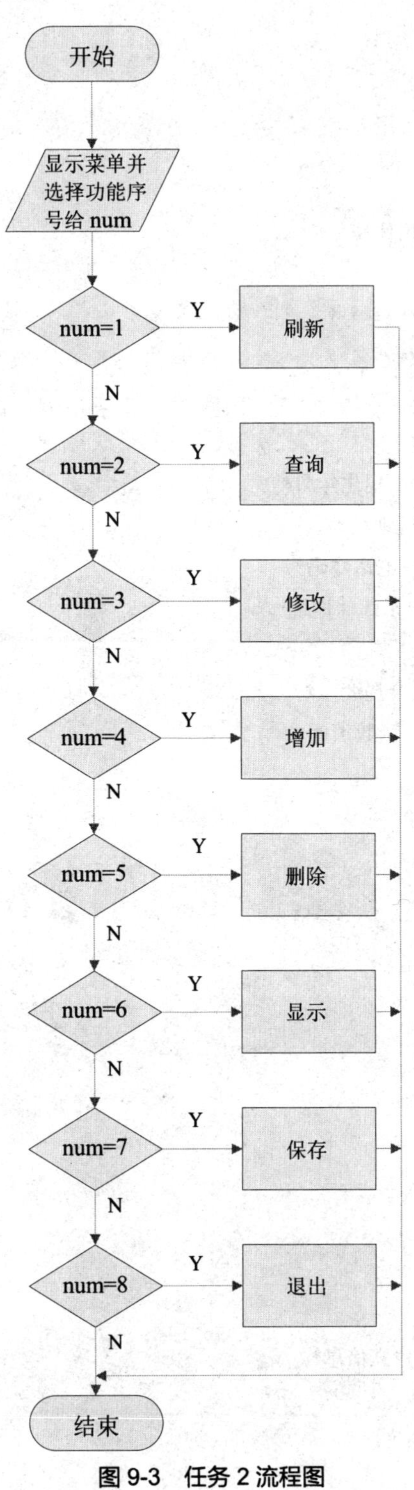

图 9-3 任务 2 流程图

2. 程序代码

```
#include<stdio.h>
#include<stdlib.h>
#include<string.h>
#define BUFLEN 100
#define LEN 15
#define N 100
struct record  /*结构体*/
{
char code[LEN+1]; /* 学号*/
char name[LEN+1]; /*姓名*/
int age; /*年龄*/
char sex[3]; /*性别*/
char time[LEN+1]; /* 出生年月*/
char add[30]; /* 家庭地址*/
char tel[LEN+1]; /* 电话号码*/
char mail[30]; /* 电子邮件地址*/
}stu[N];
int k=1,n,m; /* 定义全局变量*/
void readfile(); /* 函数声明*/
void seek();
void modify();
void insert();
void del();
void display();
void save();
void menu();
int main()
{
while(k)
menu();
system("pause");
return 0;
}
void readfile() /* 建立信息*/
{
char *p="student.txt";
FILE *fp;
int i=0;
```

```
    if ((fp=fopen("student.txt","r"))==NULL)
    {
    printf("Open file %s error! Strike any key to exit! ",p);
    system("pause");
    exit(0);
    }
    while(fscanf(fp, "%s %s%d%s %s %s %s %s",stu[i].code,stu[i].name,&stu[i].
age,
    stu[i].sex,stu[i].time,stu[i].add,stu[i].tel,stu[i].mail)==8)
    {
       i++;
       i=i;
    }
    fclose(fp);
    n=i;
    printf("录入完毕! \n");
    }
    void seek() /*查找*/
    {
    int i,item,flag;
    char s1[21]; /* 以姓名和学号最长长度+1 为准*/
    printf("------------------\n");
    printf("-----1.按学号查询-----\n");
    printf("-----2.按姓名查询-----\n");
    printf("-----3.退出本菜单-----\n");
    printf("------------------\n");
    while(1)
    {
    printf("请选择子菜单编号: ");
    scanf("%d",&item);
    flag=0;
    switch(item)
    {
     case 1:  printf("请输入要查询的学生的学号: \n");
     scanf("%s",s1);
     for(i=0;i<n;i++)
     if(strcmp(stu[i].code,s1)==0)
     {
     flag=1;
```

```
    printf("学号  姓名  年龄  性别  出生年月   地址   电话 E-mail\n");
    printf("------------------------------------------------------------\n");
    printf("%6s %7s %6d %5s %9s %8s %10s %14s\n",stu[i].code,stu[i].name,
stu[i]. age,stu[i].sex,stu[i].time,stu[i].add,stu[i].tel,stu[i].mail);
    }
    if(flag==0)
    printf("该学号不存在! \n"); break;
    case 2:
    printf("请输入要查询的学生的姓名: \n");
    scanf("%s",s1);
    for(i=0;i<n;i++)
    if(strcmp(stu[i].name,s1)==0)
    {
    flag=1;
    printf("学号  姓名   年龄   性别   出生年月    地址   电话    E-mail\n");
    printf("------------------------------------------------------------------
------\n");
    printf("%6s %7s %6d %5s %9s %8s %10s %14s\n",stu[i].code,stu[i].name,
stu[i].age,stu[i].sex,stu[i].time,stu[i].add,stu[i].tel,stu[i].mail);
    }
    if(flag==0)
    printf("该姓名不存在! \n"); break;
    case 3:return;
    default:printf("请在 1~3 之间选择\n");
    }
    }
    }
    void modify() /*修改信息*/
    {
    int i,item,num;
    char sex1[3],s1[LEN+1],s2[LEN+1]; /*以姓名和学号最长长度+1 为准*/
    printf("请输入要修改的学生的学号: \n");
    scanf("%s",s1);
    for(i=0;i<n;i++)
    if(strcmp(stu[i].code,s1)==0) /*比较字符串是否相等*/
    num=i;
    printf("------------------\n");
    printf("1.修改姓名\n");
    printf("2.修改年龄\n");
```

```
printf("3.修改性别\n");
printf("4.修改出生年月\n");
printf("5.修改地址\n");
printf("6.修改电话号码\n");
printf("7.修改 E-mail 地址\n");
printf("8.退出本菜单\n");
printf("------------------\n");
while(1)
{
printf("请选择子菜单编号: ");
scanf("%d",&item);
switch(item)
{
case 1:
printf("请输入新的姓名: \n");
scanf("%s",s2);
strcpy(stu[num].name,s2); break;
case 2:
printf("请输入新的年龄: \n");
scanf("%d",&stu[num].age);break;
case 3:
printf("请输入新的性别: \n");
scanf("%s",sex1);
strcpy(stu[num].sex,sex1); break;
case 4:
printf("请输入新的出生年月: \n");
scanf("%s",s2);
strcpy(stu[num].time,s2); break;
case 5:
printf("请输入新的地址: \n");
scanf("%s",s2);
strcpy(stu[num].add,s2); break;
case 6:
printf("请输入新的电话号码: \n");
scanf("%s",s2);
strcpy(stu[num].tel,s2); break;
case 7:
printf("请输入新的 E-mail 地址: \n");
scanf("%s",s2);
```

```
    strcpy(stu[num].mail,s2); break;
   case 8:return;
    default:printf("请在 1～8 之间选择\n");
    }
    }
    }
    void sort()  /*按学号排序*/
    {
    int i,j, *p, *q,s;
    char temp[10];
    for(i=0;i<n-1;i++)
    {
    for(j=n-1;j>i;j--)
    if(strcmp(stu[j-1].code,stu[j].code)>0)
    {
    strcpy(temp,stu[j-1].code);
    strcpy(stu[j-1].code,stu[j].code);
    strcpy(stu[j].code,temp);
    strcpy(temp,stu[j-1].name);
    strcpy(stu[j-1].name,stu[j].name);
    strcpy(stu[j].name,temp);
    strcpy(temp,stu[j-1].sex);
    strcpy(stu[j-1].sex,stu[j].sex);
    strcpy(stu[j].sex,temp);
    strcpy(temp,stu[j-1].time);
    strcpy(stu[j-1].time,stu[j].time);
    strcpy(stu[j].time,temp);
    strcpy(temp,stu[j-1].add);
    strcpy(stu[j-1].add,stu[j].add);
    strcpy(stu[j].add,temp);
    strcpy(temp,stu[j-1].tel);
    strcpy(stu[j-1].tel,stu[j].tel);
    strcpy(stu[j].tel,temp);
    strcpy(temp,stu[j-1].mail);
    strcpy(stu[j-1].mail,stu[j].mail);
    strcpy(stu[j].mail,temp);
    p=&stu[j-1].age;
    q=&stu[j].age;
    s=*q;
```

```
*q=*p;
*p=s;
}
}
}
void insert() /*插入函数*/
{
int i=n,j,flag;
printf("请输入待增加的学生数: \n");
scanf("%d",&m);
do
{
flag=1;
while(flag)
{
flag=0;
printf("请输入第%d 个学生的学号: \n",i+1);
scanf("%s",stu[i].code);
for(j=0;j<i;j++)
if(strcmp(stu[i].code,stu[j].code)==0)
{
printf("已有该学号请检查后重新录入!\n");
flag=1;
break; /*如有重复立即退出该层循环，提高判断速度*/
}
}
printf("请输入第%d 个学生的姓名: \n",i+1);
scanf("%s",stu[i].name);
printf("请输入第%d 个学生的年龄: \n",i+1);
scanf("%d",&stu[i].age);
printf("请输入第%d 个学生的性别: \n",i+1);
scanf("%s",stu[i].sex);
printf("请输入第%d 个学生的出生年月:(格式:年.月)\n",i+1);
scanf("%s",stu[i].time);
printf("请输入第%d 个学生的地址: \n",i+1);
scanf("%s",stu[i].add);
printf("请输入第%d 个学生的电话: \n",i+1);
scanf("%s",stu[i].tel);
printf("请输入第%d 个学生的 E-mail: \n",i+1);
```

```
scanf("%s",stu[i].mail);
if(flag==0)
{
 i=i;
 i++;
}
}
while(i<n+m);
n+=m;
printf("录入完毕！\n\n");
sort();
}
void del()
{
int i,j,flag=0;
char s1[LEN+1];
printf("请输入要删除学生的学号：\n");
scanf("%s",s1);
for(i=0;i<n;i++)
if(strcmp(stu[i].code,s1)==0)
{
flag=1;
for(j=i;j<n-1;j++)
stu[j]=stu[j+1];
}
if(flag==0)
printf("该学号不存在！\n");
if(flag==1)
{
printf("删除成功!显示结果请选择菜单 6\n");
n--;
}
}
void display()
{
int i;
printf("所有学生的信息为：\n");
printf("学号  姓名  年龄  性别  出生年月  地址  电话  E-mail\n");
printf("--------------------------------------------------------------\n");
```

```
for(i=0;i<n;i++)
{
printf("%6s  %7s  %5d  %5s  %9s  %8s  %10s  %14s\n",stu[i].code,stu[i].
name,stu[i].age,stu[i].sex,stu[i].time,stu[i].add,stu[i].tel,stu[i].mail);
}
}
void save()
{
int i;
FILE *fp;
fp=fopen("student.txt", "w"); /*写入*/
for(i=0;i<n;i++)
{
fprintf(fp, "%s %s %d %s %s %s %s %s\n",stu[i].code,stu[i].name,stu[i].age,
stu[i].sex,stu[i].time,stu[i].add,stu[i].tel,stu[i].mail);
}
fclose(fp);
}
void menu()  /* 界面*/
{
int num;
printf(" \n\n        计算机技术系信息管理班通讯录管理系统          \n\n");
printf("**********************制作人张雪************************\n \n");
printf("*********************系统功能菜单***********************  \n");
printf(" --------------------- ----------------------------------- \n");
printf("           1.刷新学生信息      2.查询学生信息\n");
printf("           3.修改学生信息      4.增加学生信息\n");
printf("           5.按学号删除信息    6.显示当前信息\n");
printf("           7.保存当前学生信息  8.退出系统\n");
printf(" ----------------------------------------------------------- \n");
printf("请选择菜单编号: ");
scanf("%d",&num);
switch(num)
{
case 2:seek();break;
case 3:modify();break;
case 4:insert();break;
case 5:del();break;
case 6:display();break;
```

```
case 7:save();break;
case 8:k=0;break;
default:printf("请在 1～8 之间选择\n");
}
}
```

程序运行界面如图 9-4 所示。

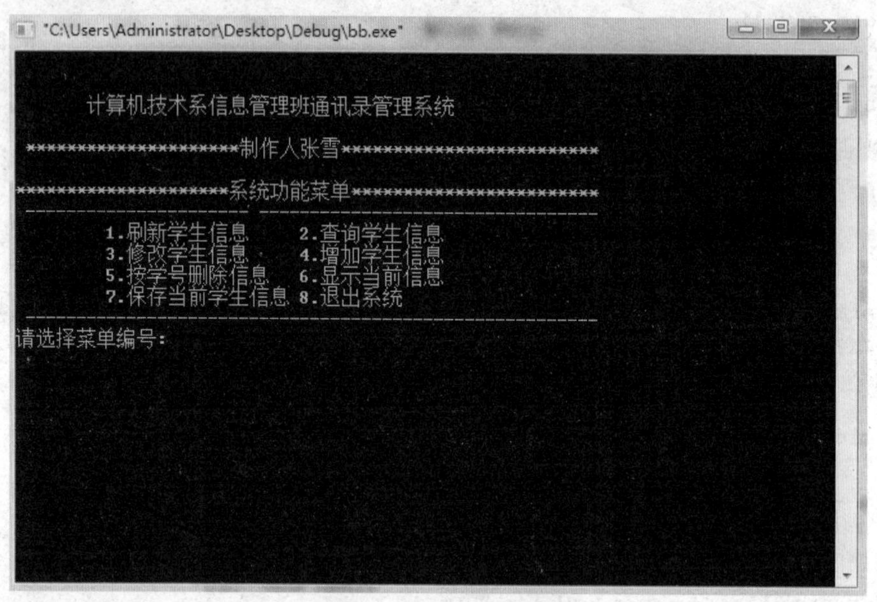

图 9-4 任务 2 运行界面

- 特别提示

（1）文件空读：在输入字符，并按回车后，实际缓冲中有两个字符（如'f/m'和'\n'），只要前面有意义的字符（'f/m'）。可以用“空读”略过'\n'。

（2）什么情况要空读？如果后面的读取键盘是读取数字（整数/浮点数），不必空读；如果后面的读取键盘是读字符或字符串，应当“空读”。

（3）C 语言即使写文本文件，关闭时，也不自动加文件结束符。

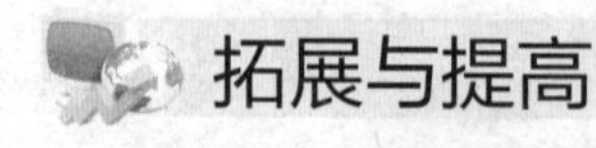

拓展与提高

（一）结构体指针变量

结构体指针变量：指向结构体变量的指针变量。结构体指针变量的值是结构体变量（在内存中的）起始地址。

1. 结构体指针变量的定义

```
struct 结构体名 *结构体指针变量名;
```

例如：

struct student *p;定义了一个结构体指针变量，它可以指向一个 struct student 结构体类型的数据。

2. 通过结构体指针变量访问结构体变量的成员（两种访问形式）

（1）(*结构体指针变量名).成员名。（理解：*结构体指针变量名=所指向的结构体变量名，注意：“.”运算符优先级比“*”运算符高。）

（2）结构体指针变量名->成员名。（其中“->”是指向成员运算符，很简洁，更常用。）

例如：可以使用(*p).age 或 p->age，作用就是访问 p 指向的结构体的 age 成员。

例 9.9　用指针访问结构体变量及结构体数组

```
#include <stdio.h>
void main()
{
  struct student  /* 结构体类型定义 */
  {
    int num;
    char name[20];
    char sex;
    int age;
    float score;
  };
  /* 结构体数组 stu，结构体变量 student1 定义和初始化 */
  struct student stu[3]={{11302, "Wang",'F',20,483},
    {11303, "Liu",'M',19,503},
    {11304, "Song",'M',19,471.5}};
  struct student student1={11301, "Zhang",'F',19,496.5},*p, *q;
  int i;
  /* p 指向结构体变量 */
  p=&student1;
  printf("%s,%c,%5.1f\n",student1.name,(*p).sex,p->score); /* 访问结构体变量 */
   q=stu; /* q 指向结构体数组的元素 */
  for(i=0; i<3; i++,q++)   /* 循环访问结构体数组的元素（下标变量） */
printf("%s,%c,%5.1f\n",q->name,q->sex,q->score);
}
```

（二）结构体变量、结构体指针变量作函数参数

结构体变量、结构体指针变量都可以像其他数据类型一样作为函数的参数，也可以将函数定义为结构体类型或结构体指针类型（返回值为结构体、结构体指针类型）。

例 9.10　给年龄在 19 岁以下（含 19 岁）同学的成绩增加 10 分

```
struct student
{
  int num;
  char name[20];
  char sex;
  int age;
  float score;
};
struct student stu[3]={{11302, "Wang",'F',20,483},
  {11303, "Liu",'M',19,503},
  {11304, "Song",'M',19,471.5}};
print(struct student s) /* 打印学生姓名、年龄、成绩。形参：结构体类型 */
{
  printf("%s,%d,%5.1f\n",s.name,s.age,s.score);
}
add10(struct student *ps)  /* 年龄≤19，成绩加 10 分。形参：结构体指针类型 */
{
  if(ps->age<=19)ps->score=ps->score+10;
}
main()
{
  struct student *p;
  int i;
  for(i=0; i<3; i++)print(stu[i]);          /* 循环打印学生的记录 */
  for(i=0,p=stu; i<3; i++,p++)add10(p);    /* 循环判断，加分 */
  for(i=0,p=stu; i<3; i++,p++)print(*p);   /* 循环打印学生的记录 */
}
```

（1）函数 print 的形参 s 属于结构体类型，所以实参也用结构体类型 stu[i]或*p。

（2）函数 add10 的形参 ps 属于结构体指针类型，所以实参用指针类型 &stu[i]或 p。

例 9.11　将上例中的函数 add10 改写为返回结构体类型值的函数

```
...
struct student add10(struct student s)
{
  if(s.age<=19)s.score=s.score+10;
```

```
  return s;
 }
 ...
 main()
 {
  struct student *p;
  int i;
  for(i=0; i<3; i++)print(stu[i]);
  for(i=0; i<3; i++)stu[i]=add10(stu[i]);
  for(i=0; i<3; i++)print(stu[i]); */
  for(i=0,p=stu; i<3; i++,p++)print(*p);
  for(i=0,p=stu; i<3; i++,p++)*p=add10(*p);
  for(i=0,p=stu; i<3; i++,p++)print(*p);
 }
```

（1）函数 add10 修改为返回结构体类型的函数，那么形参的传址就不必要了。

（2）主函数调用 add10 时，将返回值赋值给结构体数组元素。

（三）链表（结构体指针的应用）

1. 动态存储结构

数组的长度是预先定义好的，在整个程序中是固定不变的。C 语言中不允许使用动态数组。例如：

```
int n;
scanf("%d",&n);
int a[n];
```

以上这种做法是错误的。

在实际编程中，往往会遇到这种情况，即所需的内存空间取决于实际输入的数据，而无法事先确定。对于这种问题，用数组的方法很难解决。为了解决上述问题，C 语言提供了一些内存管理函数，这些内存管理函数可以按照需要动态地分配内存空间，也可把不再使用的空间回收待用，为有效地利用内存资源提供了手段。常用的内存管理函数有以下 3 个。

（1）分配内存空间函数 malloc()。

调用形式：

```
(类型说明符*)malloc(size)
```

功能：在内存的动态存储区中分配一块长度为“size”字节的连续区域。函数的返回值为该区域的首地址。

“类型说明符”表示把该区域用于何种数据类型。(类型说明符*)表示把返回值强制转换为该类型指针。“size”是一个无符号数。例如：

```
pc=(char *)malloc(100);
```

表示分配 100 个字节的内存空间，并强制转换为字符数组类型，函数的返回值为指向该字符数组的指针，把该指针赋予指针变量 pc。

（2）分配内存空间函数 calloc()。

```
calloc 也用于分配内存空间。
```

调用形式：(类型说明符*)calloc(n,size)

功能：在内存动态存储区中分配 n 块长度为“size”字节的连续区域。函数的返回值为该区域的首地址。(类型说明符*)用于强制类型转换。calloc 函数与 malloc 函数的区别仅在于其一次可以分配 n 块区域。

例如：

```
ps=(struet stu*)calloc(2,sizeof(struct stu));
```

其中的 sizeof(struct stu)是求 stu 的结构长度。因此该语句的意思是：按 stu 的长度分配 2 块连续区域，强制转换为 stu 类型，并把其首地址赋予指针变量 ps。

（3）释放内存空间函数 free()。

调用形式：free(void*ptr);

功能：释放 ptr 所指向的一块内存空间，ptr 是一个任意类型的指针变量，它指向被释放区域的首地址。被释放区域应是由 malloc 或 calloc 函数所分配的区域。

例 9.12 分配一块区域，输入一个学生数据

```
main()
{
struct stu
{
int num;
char *name;
char sex;
float score;
} *ps;
ps=(struct stu*)malloc(sizeof(struct stu));
ps->num=102;
ps->name="Zhang ping";
ps->sex='M';
ps->score=62.5;
printf("Number=%d\nName=%s\n",ps->num,ps->name);
printf("Sex=%c\nScore=%f\n",ps->sex,ps->score);
free(ps);
}
```

本例中，定义了结构 stu，定义了 stu 类型指针变量 ps。然后分配一块 stu 大内存区，并把首地址赋予 ps，使 ps 指向该区域。再以 ps 为指向结构的指针变量对各成员赋值，并用 printf 输出各成员值。最后用 free 函数释放 ps 指向的内存空间。整个程序包含了申请内

存空间、使用内存空间、释放内存空间 3 个步骤，实现存储空间的动态分配。

2. 链表的概念

C 语言的更有用且更复杂的特性就是指针的运用。使用指针可以创建复杂的数据结构，例如链表。链表是一种常见且重要的数据结构，它是动态地进行存储分配的一种结构，是利用指针链在一起的线性组合。

在例 9.12 中采用了动态分配的办法为一个结构分配内存空间。每一次分配一块空间可用来存放一个学生的数据，我们可称为一个结点。有多少个学生就应该申请分配多少块内存空间，也就是说要建立多少个结点。当然用结构数组也可以完成上述工作，但如果预先不能准确把握学生人数，也就无法确定数组大小， 而且当学生留级、退学之后也不能把该元素占用的空间从数组中释放出来。用动态存储的方法可以很好地解决这些问题，有一个学生就分配一个结点，无须预先确定学生的准确人数，某学生退学，可删去该结点，并释放该结点占用的存储空间，从而节约了宝贵的内存资源。另一方面，用数组的方法必须占用一块连续的内存区域，而使用动态分配时，每个结点之间可以是不连续的（结点内是连续的）， 结点之间的联系可以用指针实现，即在结点结构中定义一个成员项用来存放下一结点的首地址，这个用于存放地址的成员，一般称为指针域。可在第 1 个结点的指针域内存入第 2 个结点的首地址，在第 2 个结点的指针域内又存放第 3 个结点的首地址，如此串连下去直到最后一个结点。最后一个结点因无后续结点连接，其指针域可赋为 0。这样一种连接方式，在数据结构中称为“链表”。图 9-5 为链表的示意图。

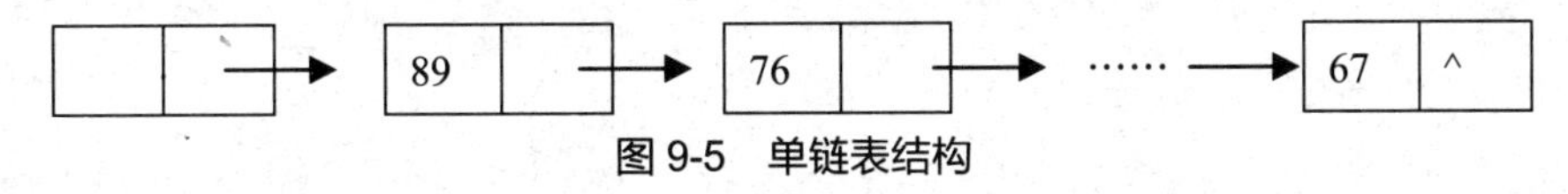

图 9-5 单链表结构

在图 9-5 中，第 0 个结点称为头结点，它存放有第 1 个结点的首地址，它没有数据，只是一个指针变量。以下的每个结点都分为两个域，一个域是数据域，存放各种实际的数据，如学号 num、姓名 name、性别 sex 和成绩 score 等。另一个域为指针域，存放下一结点的首地址。链表中的每一个结点都是同一种结构类型。例如，一个存放学生学号和成绩的结点应为以下结构：

```
struct stu
{ int num;
int score;
struct stu *next;
}
```

前两个成员项组成数据域，后一个成员项 next 构成指针域，它是一个指向 stu 类型结构的指针变量。

3. 链表操作

对链表的主要操作有以下几种。

（1）建立链表。

（2）结构的查找与输出。

（3）插入一个结点。

（4）删除一个结点。

下面通过例题来说明这些操作。

例 9.13　建立一个 3 个结点的链表，存放学生数据（为简单起见，我们假定学生数据结构中只有学号和年龄两项。）

可编写一个建立链表的函数 creat。程序如下：

```
#define NULL 0
#define TYPE struct stu
#define LEN sizeof (struct stu)
struct stu
{
int num;
int age;
struct stu *next;
};
TYPE *creat(int n)
{
struct stu *head, *pf, *pb;
int i;
for(i=0;i<n;i++)
{
pb=(TYPE*)malloc(LEN);
printf("input Number and Age\n");
scanf("%d%d",&pb->num,&pb->age);
if(i==0)
pf=head=pb;
else pf->next=pb;
pb->next=NULL;
pf=pb;
}
return(head);
}
```

在函数外首先用宏定义对 3 个符号常量作了定义。这里用 TYPE 表示 struct stu，用 LEN 表示 sizeof(struct stu)，主要的目的是为了在以下程序中减少书写并使阅读更加方便。结构 stu 定义为外部类型，程序中的各个函数均可使用该定义。

creat 函数用于建立一个有 n 个结点的链表，它是一个指针函数，它返回的指针指向 stu 结构。在 creat 函数内定义了 3 个 stu 结构的指针变量。head 为头指针，pf 为指向两相邻结点的前一结点的指针变量，pb 为后一结点的指针变量。在 for 语句内，用 malloc 函数建立长度与 stu 长度相等的空间作为一结点，首地址赋予 pb。然后输入结点数据。如果当前结点为第一结点(i==0)，则把 pb 值(该结点指针)赋予 head 和 pf；如非第一结点，则把 pb 值赋予 pf 所指结点的指针域成员 next。而 pb 所指结点为当前的最后结点，其指针域赋 NULL。再把 pb 值赋予 pf 以作下一次循环准备。creat 函数的形参 n，表示所建链表的结点数，作为 for 语句的循环次数。

例 9.14　写一个函数，在链表中按学号查找该结点

```
TYPE *search (TYPE *head,int n)
{
TYPE *p;
int i;
p=head;
while(p->num!=n&&p->next!=NULL)
p=p->next; /* 不是要找的结点后移一步*/
if(p->num==n)return(p);
if(p->num!=n&&p->next==NULL)
printf ("Node %d has not been found!\n",n);
}
```

本函数中使用的符号常量 TYPE 与例 9.13 的宏定义相同，等于 struct　stu。函数有两个形参，head 是指向链表的指针变量，n 为要查找的学号。进入 while 语句，逐个检查结点的 num 成员是否等于 n，如果不等于 n 且指针域不等于 NULL（不是最后结点）则后移一个结点，继续循环。如找到该结点则返回结点指针。如循环结束仍未找到该结点则输出“未找到”的提示信息。

例 9.15　写一个函数，删除链表中的指定结点

删除一个结点有以下两种情况。

（1）被删除结点是第 1 个结点。这种情况只需使 head 指向第 2 个结点即可，即 head=pb-> next。

（2）被删结点不是第 1 个结点，这种情况使被删结点的前一结点指向被删结点的后一结点即可，即 pf->next=pb->next。

函数编程如下：

```
TYPE *delete(TYPE *head,int num)
{
TYPE *pf, *pb;
if(head==NULL) /*如为空表，输出提示信息*/
{ printf("\nempty list!\n");
goto end;}
pb=head;
while(pb->num!=num&&pb->next!=NULL)
/*当不是要删除的结点，而且也不是最后一个结点时，继续循环*/
```

```
{pf=pb;pb=pb->next;}  /*pf 指向当前结点，pb 指向下一结点*/
if(pb->num==num)
{if(pb==head)head=pb->next;
/*如找到被删结点，且为第一结点，则使 head 指向第 2 个结点，否则使 pf 所指结
点的指针指向下一结点*/
else pf->next=pb->next;
free(pb);
printf("The node is deleted\n");}
else
printf("The node not been foud!\n");
end:
return head;
}
```

函数有两个形参，head 为指向链表第一结点的指针变量，num 删结点的学号。首先判断链表是否为空，为空则不可能有被删结点。若不为空，则使 pb 指针指向链表的第一个结点。进入 while 语句后逐个查找被删结点。找到被删结点之后再看是否为第一结点，若是则使 head 指向第二结点（即把第一结点从链中删去），否则使被删结点的前一结点（pf 所指）指向被删结点的后一结点（被删结点的指针域所指）。如若循环结束未找到要删的结点，则输出“末找到”的提示信息。最后返回 head 值。

例 9.16　写一个函数，在链表中指定位置插入一个结点

在一个链表的指定位置插入结点，要求链表本身必须是已按某种规律排好序的。例如，在学生数据链表中，要求按照学号顺序插入一个结点。设被插结点的指针为 pi。可在 3 种不同情况下插入。

（1）原表是空表，只需使 head 指向被插结点即可。

（2）被插结点值最小，应插入第一结点之前。这种情况下使 head 指向被插结点，被插结点的指针域指向原来的第一结点则可。即：pi->next=pb;head=pi;。

（3）在其他位置插入。这种情况下，使插入位置的前一结点的指针域指向被插结点，使被插结点的指针域指向插入位置的后一结点。即：pi->next=pb;pf->next=pi;。

（4）在表末插入。这种情况下使原表末结点指针域指向被插结点，被插结点指针域置为 NULL。即：

```
pb->next=pi;
pi->next=NULL;
TYPE *insert(TYPE *head,TYPE *pi)
{
TYPE *pf, *pb;
pb=head;
if(head==NULL) /*空表插入*/
(head=pi;
```

```
        pi->next=NULL;}
        else
        {
        while((pi->num>pb->num)&&(pb->next!=NULL))
        {pf=pb;
        pb=pb->next; }  /*找插入位置*/
        if(pi->num<=pb->num)
        {if(head==pb)head=pi;  /*在第一结点之前插入*/
        else pf->next=pi;  /*在其他位置插入*/
        pi->next=pb;}
        else
        {pb->next=pi;
        pi->next=NULL;} /*在表末插入*/
        }
        return head;
}
```

本函数有两个形参均为指针变量，head 指向链表，pi 指向被插结点。函数首先判断链表是否为空，为空则使 head 指向被插结点；表若不空，则用 while 语句循环查找插入位置。找到之后再判断是否在第一结点之前插入，若是则使 head 指向被插结点，被插结点指针域指向原第一结点，否则在其他位置插入，若插入的结点大于表中所有结点，则在表末插入。本函数返回一个指针，即链表的头指针。当插入的位置在第一个结点之前时， 插入的新结点成为链表的第一个结点，因此 head 的值也有了改变，故需要把这个指针返回主调函数。

例 9.17　将以上建立链表、删除结点、插入结点的函数组织在一起，再建一个输出全部结点的函数，然后用 main 函数调用它们。

```
        #define NULL 0
        #define TYPE struct stu
        #define LEN sizeof(struct stu)
        struct stu
        {
        int num;
        int age;
        struct stu *next;
        };
        TYPE *creat(int n)
        {
        struct stu *head, *pf, *pb;
        int i;
        for(i=0;i<n;i++)
```

```
{
pb=(TYPE *)malloc(LEN);
printf("input Number and Age\n");
scanf("%d%d",&pb->num,&pb->age);
if(i==0)
pf=head=pb;
else pf->next=pb;
pb->next=NULL;
pf=pb;
}
return(head);
}
TYPE *delete(TYPE *head,int num)
{
TYPE *pf, *pb;
if(head==NULL)
{ printf("\nempty list!\n");
goto end;}
pb=head;
while (pb->num!=num&&pb->next!=NULL)
{pf=pb;pb=pb->next;}
if(pb->num==num)
{if(pb==head) head=pb->next;
else pf->next=pb->next;
printf("The node is deleted\n"); }
else
free(pb);
printf("The node not been found!\n");
end:
return head;
}
TYPE *insert(TYPE *head,TYPE *pi)
{
TYPE *pb , *pf;
pb=head;
if(head==NULL)
{head=pi;
pi->next=NULL; }
else
```

```
{
while((pi->num>pb->num)&&(pb->next!=NULL))
{pf=pb;
pb=pb->next; }
if(pi->num<=pb->num)
{if(head==pb) head=pi;
else pf->next=pi;
pi->next=pb; }
else
{pb->next=pi;
pi->next=NULL; }
}
return head;
}
void print(TYPE *head)
{
printf("Number\t\tAge\n");
while(head!=NULL)
{
printf("%d\t\t%d\n",head->num,head->age);
head=head->next;
}
}
main()
{
TYPE *head, *pnum;
int n,num;
printf("input number of node: ");
scanf("%d",&n);
head=creat(n);
print(head);
printf("Input the deleted number: ");
scanf("%d",&num);
head=delete(head,num);
print(head);
printf("Input the inserted number and age: ");
pnum=(TYPE *)malloc(LEN);
scanf("%d%d",&pnum->num,&pnum->age);
head=insert(head,pnum);
```

```
        print(head);
        }
```

本例中，print 函数用于输出链表中各个结点数据域值。函数的形参 head 的初值指向链表第一个结点。在 while 语句中，输出结点值后，head 值被改变，指向下一结点。若保留头指针 head，则应另设一个指针变量，把 head 值赋予它，再用它来替代 head。在 main 函数中，n 为建立结点的数目，num 为待删结点的数据域值；head 为指向链表的头指针，pnum 为指向待插结点的指针。main 函数中各行的意义如下。

第 6 行输入所建链表的结点数；

第 7 行调 creat 函数建立链表并把头指针返回给 head；

第 8 行调 print 函数输出链表；

第 10 行输入待删结点的学号；

第 11 行调 delete 函数删除一个结点；

第 12 行调 print 函数输出链表；

第 14 行调 malloc 函数分配一个结点的内存空间， 并把其地址赋予 pnum;

第 15 行输入待插入结点的数据域值；

第 16 行调 insert 函数插入 pnum 所指的结点；

第 17 行再次调 print 函数输出链表。

从运行结果看，首先建立起 3 个结点的链表，并输出其值；再删 103 号结点，只剩下 105、108 号结点；又输入 106 号结点数据，插入后链表中的结点为 105、106、108。

（四）共用体（联合体）

共用体是将不同类型的数据项存放于同一段内存单元的一种构造数据类型。

与结构类似，在共用体内可以定义多种不同数据类型的成员；区别是，共用体类型变量所有成员共用一块内存单元，如图 9-6 所示。（虽然每个成员都可以被赋值，但只有最后一次赋予的成员值能够保存且有意义，前面赋予的成员值被后面赋予的成员值所覆盖。）

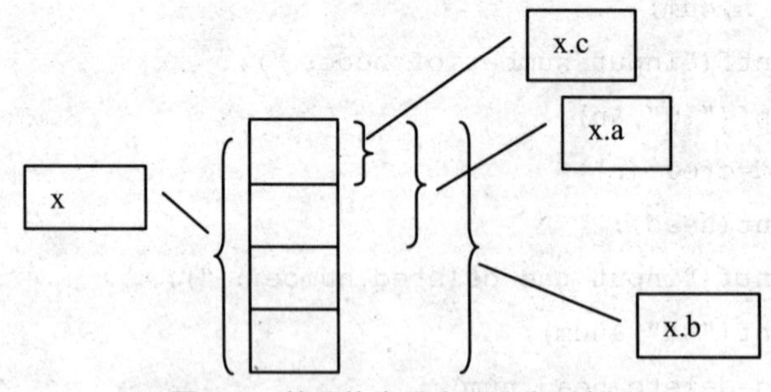

图 9-6　共用体变量占用内存示例

1．共用体类型、共用体类型变量的定义

（1）共用体类型定义的一般形式：

```
union  共用体名
{
```

```
  类型 1 成员 1;
  类型 2 成员 2;
  …
  类型 n 成员 n;
};
```

（2）共用体类型变量的定义，方法同结构体变量的定义。

例如：

```
/*定义共用体类型 data*/
union data
{
  int a;
  float b;
  char c;
};
/*定义共用体变量*/
union data x,y;
```

2. 共用体变量的引用

对共用体变量的赋值、使用都是对变量的成员进行的，共用体变量的成员表示为

```
共用体变量名.成员名
```

使用共用体类型数据时应注意共用体数据的以下特点。

（1）同一内存段可以用来存放不同类型的成员，但是每一瞬时只能存放其中的一种（也只有一种有意义）。

（2）共用体变量中有意义的成员是最后一次存放的成员。

例如：x.a=1;x.b=3.6;x.c='H'语句输入后，只有 x.c 有意义（x.a,x.b 也可以访问，但没有实际意义）。

（3）共用体变量的地址和它的成员的地址都是同一地址。即：&x.a=&x.b=&x.c=&x。

（4）除整体赋值外，不能对共用体变量进行赋值，也不能企图引用共用体变量来得到成员的值。不能在定义共用体变量时对共用体变量进行初始化（系统不清楚是为哪个成员赋初值）。

（5）可以将共用体变量作为函数参数，函数也可以返回共用体、共用体指针。

（6）共用体、结构体可以相互嵌套。

（五）枚举类型

只能取事先定义值的数据类型是枚举类型。

1. 枚举类型定义

```
enum 枚举类型名{枚举元素（或枚举常量）列表};
```

2. 枚举变量定义（类似结构体变量定义 3 种形式）

定义枚举类型的同时定义变量：

```
enum 枚举类型名{枚举常量列表}枚举变量列表;
```

先定义类型后定义变量：

```
enum 枚举类型名 枚举变量列表;
```

匿名枚举类型：

```
enum {枚举常量列表}枚举变量列表;
```

例如：

```
enum weekday{sun,mon,tue,wed,thu,fri,sat};
/* 定义枚举类型 enum weekday，取值范围为 sun，mon…sat。*/
enum weekday week1,week2;
/* 定义 enum weekday 枚举类型的变量 week1,week2，取值范围为 sun,mon,…,sat。*/
week1=wed; week2=fri;
/* 可以用枚举常量给枚举变量赋值 */
```

3. 关于枚举的说明

（1）enum 是标识枚举类型的关键词，定义枚举类型时应当用 enum 开头。

（2）枚举元素（枚举常量）由程序设计者自己指定，命名规则同标识符。这些名字是符号，可以提高程序的可读性。

（3）枚举元素在编译时，按定义时的排列顺序取值 0，1，2…（类似整型常数）。

（4）枚举元素是常量，不是变量（看似变量，实为常量），可以将枚举元素赋值给枚举变量。但是不能给枚举常量赋值。在定义枚举类型时可以给这些枚举常量指定整型常数值（未指定值的枚举常量的值是前一个枚举常量的值+1）。

例如：

```
enum weekday{sun=7,mon=1,tue,wed,thu,fri,sat};
```

（5）枚举常量不是字符串。

（6）枚举变量、常量一般可以参与整数可以参与的运算，如算术运算，关系、赋值等运算。

例如：不要希望 week1=sun;printf("%s",week1);能打印出“sun,…”，可以用下面语句检查输出：if(week1==sun)printf("sun");。

（六）用 typedef 定义类型

格式：typedef 类型定义 类型名;

说明：typedef 是定义了一个新的类型的名字，没有建立新的数据类型，它是已有类型的别名。使用类型定义，可以增加程序可读性，简化书写。

1. 使用 typedef 关键词可以定义一种新的类型名代替已有的类型名

例如：

```
typedef int INTEGER; typedef float REAL;
```

```
INTEGER i,j; REAL a,b;
```

2. 类型定义的典型应用

定义一种新数据类型，作简单的名字替换。

例如：

```
typedef unsigned int UINT;  /* 定义UINT是无符号整型类型 */
UINT u1;                    /* 定义UINT类型（无符号整型）变量u1 */
```

3. 简化数据类型的书写

```
typedef struct
{
  int month; int day; int year;
}DATE;  /* 定义DATE是一种结构体类型 */
DATE birthday,*p,d[7];
/* 定义DATA（结构体类型）类型的变量，指针，数组为：birthday,p,d */
```

注意：用typedef定义的结构体类型不需要struct关键词，很简洁。

4. 定义数组类型

```
typedef int NUM[100];  /* 定义NUM是100数整型数组类型（存放100个整数）*/
NUM n;  /* 定义NUM类型（100数整型数组）的变量n */
```

5. 定义指针类型

```
typedef char* STRING;  /* 定义STRING是字符指针类型 */
STRING p;  /* 定义STRING类型（字符指针类型）的变量p */
```

（七）位运算

计算机内部，数据的存储、运算都是以二进制形式进行的，1个字节即8个二进制位。位运算就是针对二进制位的运算。

位运算的操作对象一般是整型或字符型。

位运算是C语言的低级语言特性，广泛应用于对底层硬件、外围设备的状态检测和控制。

1. 左移运算符“<<”

左移运算符“<<”的功能：将一个数的各个二进制位全部向左平移若干位（左边移出的部分忽略，右边补0）。每左移1位，相当于乘2，左移n位相当于乘2^n。（数字可以展开为二进制，按权展开，数字乘2，幂升2，相当于向左移动了1位。）

例如：

```
unsigned char a=26;  /* (26)10=(0001,1010)2=(1A)16 */
a=a<<2;  /* (0110,1000)2=(68)16 =(104)10 */
```

2. 右移运算符“>>”

右移运算符“>>”的功能：将一个数的各个二进制位全部向右平移若干位（右边移出的部分忽略，右边对无符号数补0，有符号数补符号位）。每右移1位，相当于除2，左移

n 位相当于除 2^n。

例如：

```
unsigned char a=0x9A;  /* (9A)16=(154)10=(1001,1010)2 */
a=a>>2;  /* (0010,0110)2=(26)16=(38)10 */
```

3. 按位取反运算符“~”

按位取反“~”是单目运算符，对一个二进制数的每一位都取反。0->1,1->0。

例如：a=00011010（1A）, ~a=11100101（E5）。

4. 按位位与运算符“&”

将其两边数据对应的二进制位按位进行“与”运算。二者全为 1 结果为：1，否则为 0。

例如：

```
a=10111010 (0xBA)
b=01101110 (0x6E)
a&b=00101010 (0x2A)
```

结论：“与 1 位与”为 1，那么该位为 1；“与 1 位与”为 0，那么该位为 0。“与 1 位与”可用于检测某个位是 1 还是 0。

例 9.18　将一个十进制数转化为二进制数

C 语言标准输出函数只能将一个整数以十、八、十六进制输出（使用%x，%o，%d），而没有二进制输出格式。人工转换的方法如下。

设置一个屏蔽字，其中只有一个位为 1，其余为 0，为 1 的位为测试位置。将此屏蔽字与被转换数进行“位与”运算，根据运算结果判断被测试的位是 1 还是 0。循环测试（一个整数 2 字节，16 位，测试 16 次，从最高位开始测试，每次测试后屏蔽字右移 1 位以便测试下一个位）并输出的测试结果就是整数对应的二进制数。

```
main()
{
  int i,bit;              /* 定义循环变量 i 和位 1/0 标志变量 bit */
  unsigned int n,mask; /* 定义欲转换的整数 n 和屏蔽字变量 mask */
  mask=0x8000;  /* 初始屏蔽字 1000,0000,0000,0000，从左边最高位开始检查 */
  printf("Enter a integer: ");scanf("%d",&n);  /* 输入要转换的整数 */
  printf("binary of %u is: ",n);
  for(i=0; i<16; i++)  /* 循环检查 16 位，并输出结果 */
  {
    if(i%4==0&&i!=0)printf(",");  /* 习惯上二进制每 4 位用“,”分隔以便查看。*/
    bit=(n&mask)?1:0;    /* n&mask 非 0，该位为 1；否则该位为 0 */
    printf("%1d",bit);  /* 输出 1 或 0 */
    mask=mask>>1;          /* 右移 1 位得到下一个屏蔽字 */
  }
```

```
    printf("\n");
  }
```

结果：

```
Enter a integer: 56
binary of 56 is: 0000,0000,0011,1000
```

5. 按位位或运算符“|”

将其两边数据对应的二进制位按位进行“或”运算。二者只要有一个为 1 结果为 1；否则为 0。（两者都为 0 时为 0。）

结论：与 0“位或”为 1，那么该位为 1；与 0“位或”为 0，那么该位为 0，就是说任何位“与 0 位或”还是等于这一位（保持不变）。

6. 按位异或运算符“^”

将其两边数据对应的二进制位按位进行“异或”运算。若二者相同，结果为 0，若二者不同（相异），结果为 1。

结论：任何位“与 1 异或”，等价于对该位取反。

（八）文件的定位

对文件的读写可以顺序读写，也可以随机读写。文件顺序读写：从文件的开头开始，依次读写数据（从文件开头读写直到文件尾部）。文件随机读写（文件定位读写）：从文件的指定位置读写数据。文件位置指针：在文件的读写过程中，文件位置指针指出了文件的当前读写位置（实际上是下一步读写位置），每次读写后，文件位置指针自动更新指向新的读写位置（实际上是下一步读写位置）。可以通过文件位置指针函数，实现文件的定位读写。文件位置指针函数有：rewind()、fseek()、ftell()3 个函数。

1. 重返文件头——rewind()函数

功能：使文件位置指针重返文件的开头。

例 9.19　有一个文本文件，第一次使它显示在屏幕上，第二次把它复制到另外一个文件中

```
#include <stdio.h>
main()
{
  FILE *fp1, *fp2;
  fp1=fopen("string.txt","r");  /* 打开文件 */
  fp2=fopen("string2.txt","w");
  /* 从文件 string.txt 读出，写向屏幕 */
  while(!feof(fp1))putchar(getc(fp1));
  /* 重返文件头 */
  rewind(fp1);
  /* 从文件 string.txt 读出，写向文件 string2.txt */
```

```
    while(!feof(fp1))putc(getc(fp1),fp2);
    fcloseall();  /* 关闭文件 */
}
```

2. 位置指针移动——fseek()函数

功能：移动文件读写位置指针，以便文件的随机读写。

格式：fseek(FILE *fp,long offset,int whence);

参数：

（1）fp——文件指针。

（2）whence——计算起始点（计算基准）。计算基准可以是下面的符号常量。

符号常量	符号常量的值	含义
SEEK_SET	0	从文件开头计算
SEEK_CUR	1	从文件指针当前位置计算
SEEK_END	2	从文件末尾计算

（3）offset——偏移量（单位：字节）。从计算起始点开始再偏移 offset，得到新的文件指针位置。offset 为正，向后偏移；offset 为负，向前偏移。

例如：

```
fseek(fp,100,0);  /* 将位置指针移动到：从文件开头计算，偏移量为 100 个字节的位置 */
fseek(fp,50,1);  /* 将位置指针移动到：从当前位置计算，偏移量为 50 个字节的位置 */
/* 向前移动 */
fseek(fp,-30,1);  /* 将位置指针移动到：从当前位置计算，偏移量为-30 个字节的位置 */
/* 向后移动 */
fseek(fp,-10,2);  /* 将位置指针移动到：从文件末尾计算，偏移量为-10 个字节的位置 */
/* 向后移动 */
```

例 9.20　编程读出文件 stu.dat 中第 3 个学生的数据

```
#include <stdio.h>
struct student
{
  int num;
  char name[20];
  char sex;
  int age;
  float score;
};
void main()
{
  struct student stud;
  FILE *fp;
```

```
    int i=2;
    if((fp=fopen("stud.dat","rb"))==NULL)
    {
      printf("can't open file stud.dat\n");
      exit(1);
    }
    fseek(fp,i*sizeof(struct student),SEEK_SET);  /* 定位第 3 个记录 */
    if(fread(&stud,sizeof(struct student),1,fp)==1)  /* 将 1 个记录读出 */
    {
      printf("%d,%s,%c,%d,%f\n",stud.num,stud.name,stud.sex,stud.age,stud.
score); /* 打印此记录 */
    }
    else
      printf("record 3 does not presented.\n");
    fclose(fp);
  }
```

例 9.21　编写一个程序，对文件 stud.dat 加密。加密方式是对文件中所有第奇数个字符的中间两个二进制位进行取反

```
  #include <stdio.h>
  main()
  {
    FILE *fp;
    unsigned char ch1,ch2;
    if((fp=fopen("stud.dat","rb+"))==NULL)  /* 打开已经存在的文件，可写，二进制 */
    {
      printf("can't open file stud.dat\n");  exit(1);
    }
    ch2=24;       /* 密匙 ch<=0001,1000 */
    ch1=fgetc(fp);  /* 从文件读第一个字符，ch1 */
    while(!feof(fp))
    {
      ch1=ch1^ch2;              /* 加密字符：与 1 异或该位取反；与 0 异或该位不变 */
      fseek(fp,-1,SEEK_CUR);    /* 写入原来位置 */
      fputc(ch1,fp);
      fseek(fp,1,SEEK_CUR);     /* 跳过一个字符（偶数字符），ch1 */
      ch1=fgetc(fp);            /* 从文件读下一个字符，ch1 */
    }
```

```
    fclose(fp);   /* 关闭文件 */
}
```

3. 获取当前位置指针——ftell()函数

功能：得到文件当前位置指针的位置，此位置是相对于文件开头的。

格式：long ftell(FILE *fp);

返回值：就是当前文件指针相对文件开头的位置。

单元小结

本单元内容丰富，首先结构体、共同体是两种新型的数据类型，它们和前面使用的基本数据类型有着明显的区别：一是结构体和共同体不是系统固有的，它需要用户自己定义；二是一个结构体或共同体数据类型由多个不同成员组成，这些成员可以具有不同的数据类型。链表是一种动态的数据存储结构，它是结构体数据类型的一个典型的应用，链表节点由数据域和指针域组成，链表的基本操作包括插入节点、删除节点、查找节点等。其次是枚举类型变量的定义与应用。最后，位运算是 C 语言程序设计的一大特点，在自动控制系统中应用非常广泛。

另外，文件是计算机中的一个重要概念，文件的分类方式很多，而 C 语言关注的是文件中数据的存储方式，它把文件分为两类：文本文件和二进制文件。在 C 语言中使用文件的第一步是打开文件，最后一步是关闭文件。任何打开的文件都对应一个文件指针。文件的读写方式很多，任何一个文件被打开时都要指明它的读写方式。文件操作都是通过函数实现的，大家要学会文件的打开、文件的关闭、文件的定位与文件内容读写的实现方法。

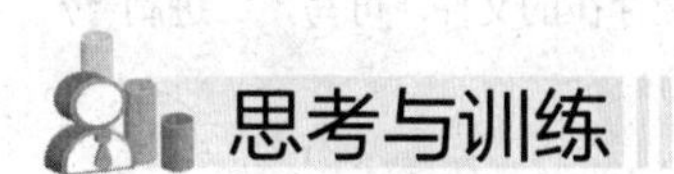

思考与训练

1. 讨论题

（1）简述结构体、共用体、枚举类型、动态链表的概念与特点。

（2）如何在动态链表中插入、删除结点？

（3）对于一个综合性的大型程序设计，按照软件工程理论如何进行分工合作？

2. 选择题

（1）若有以下说明：

```
struct student
{
    char name[20];
    int age;
```

```
    char sex;
}b={"ma hua",20, 'm'},*p=&b;
```

则下面对字符串 ma hua 的引用方式不可以的是（　　）。

A.（*p）.name　　B. p.name　　C. p->name　　D. a.name

（2）对于下列说明，不能使变量 p->b 的值增 1 的表达式是（　　）。

```
struct str
{
   int a;
   int *b;
}*p;
```

A. *p->b++　　B. *++p->b　　C. (* (p++)->b)++　　D. *++((p++)->b

（3）以下程序企图把从终端输入的字符输出到名为 abc.txt 文件中，直到从终端读入字符#号时结束输入和输出操作，但是程序有错误。

```
#include"stdio.h"
main( )
{
   FILE*fout;
   char ch;
   fout=fopen('abc.txt', 'w');
   ch=fgetc(stdin);
   while(ch!= '#')
{
   fputc(ch,fout);
   ch=fgetc(stdin);
}
fclose(fout);
}
```

出错的原因是（　　）。

A. 函数 fopen 调用形式错误

B. 输入文件没有关闭

C. 函数 fgetc 调用形式错误

D. 文件指针 stdin 没有定义

（4）若 fp 已经正确定义并指向某个文件，当未遇到文件结束标志时函数 feof(fp)的值是（　　）。

A. 0　　B. 1　　C. –1　　D. 一个非 0 的值

（5）有如下程序：

```
#include <stdio.h>
main()
```

```
{
  FILE *fp1;
  fp1=fopen('f1.txt', 'w');
  fprintf(fp1, "abc");
  fclose(fp1);
}
```

若文本文件 f1.txt 中原有内容为：good，则运行以上程序后文件 f1.txt 中的内容为（　　）。

A．goodabc　　B．abcd　　C．abc　　D．abcgood

（6）在 fopen 函数中使用的文件方式是“w+”，该方式的含义是（　　）。

A．打开一个二进制文件读写　　B．打开一个文本文件读写

C．建立一个新的文本文件读写　　D．建立一个新的二进制文件读写

（7）在 C 语言中，用于关闭文件的函数是（　　）。

A．fopen　　B．fseek　　C．ftell　　D．fclose

3. 填空题

（1）以下程序用来统计文件中字符个数。请填空完成程序。

```
#include <stdio.h>
main()
{
  FILE *fp;
  Long num=0L;
  if(fp=fopen('fname.dat', 'r')==NULL)
   {
printf("open error\n");
exit(0);
   }
while(________)
{
  fetc(fp);num++
}
printf("num=%ld\n",num-1);
fclose(fp);
}
```

（2）若 fp 已经正确定义为一个文件指针，d1.dat 为二进制文件，请填空，以便为“读”而打开此文件：fp=fopen(______);

（3）已知文本文件 test.txt，其中的内容为：Hello,everyone!。以下程序中，文件 test.txt 已经正确为“读”而打开，由文件指针 fr 指向该文件，则程序的输出结果是______。

```
#include <stdio.h>
```

```
main()
{
FILE *fr;
char str[40];
…
fgets(str,5,fr);
fprintf("%s\n",str);
fclose(fr);
}
```

第⑩单元 项目实训——ATM机功能实现

我们已经学习过了C语言的语法规范和编写一般程序的方法，对于数据类型和输入输出、三种结构化编程等知识都有了一定的应用能力，但是要编写出优秀的程序，还需要学会综合应用。本单元将带领同学们用C语言设计一个较大型的综合性应用程序——ATM机管理系统。通过本单元的学习，大家可以对于实用的C语言程序有更深的了解，并且能通过模仿写出一个较为复杂的C语言程序，从而提高程序设计的技能。

程序开发是一种灵活性很强的工作，良好的编程习惯可以提高工作效率，减少不必要的失误。编程时，我们要注意以下几点。

1．代码应尽可能模块化

无论是面向过程还是面向对象，代码重用是基本原则之一。代码编写可以将具有相近功能的语句或完成一个个具体任务的语句组织在一起，进行模块化编程。这样以后开发大型程序的时候，工作的效率就会明显提高，程序兼容性也更强。

2．良好的编写风格

一个程序，不可能是绝对完美、以后永远不再修改的。既然要修改，就必然要读懂原来的程序代码。而良好的编程风格，可以使人更方便和迅速地理解程序的结构，从而可以最大限度地提高修改的效率。

（1）统一有意义的命名规范。一个变量名sum明显比a更容易理解其真正的逻辑含义和数据类型。让名字有意义一些，将来理解也比较方便。

（2）程序采用缩进格式书写。这个书写习惯使程序代码之间的层次关系更加明显，对于程序的逻辑理解有很大帮助。

（3）代码位置有条理性。把相关功能的代码集中起来，放在一起，这样以后阅读代码的时候，可以尽量避免在不同文件之间频繁切换。由于要考虑到以后的理解，所以函数内部的逻辑不需要写得很复杂，嵌套以三层为宜，代码长度以一屏幕左右为宜，太长的代码不利于理解和调试。当然好的编程风格不止这些，这也需要在以后的学习过程中慢慢体会。

3．注重程序测试，注意异常处理

程序的运行在正常情况会得出正确的结果，而我们还必须要求程序在异常情况下也可以正常运行，至少可以正常终止。我们称为程序的纠错。多用不同情况去测试程序，可以发现更多的隐藏的Bug，从而提高程序的运行效率。

（一）项目实训的目的

（1）掌握并熟练运用 C 语言的基本数据类型与各种表达式，以及程序的流程控制语句。

（2）掌握函数的定义，函数的返回值，函数的调用，函数的形式参数和实际参数之间的关系；掌握变量的作用域与生存期，了解函数的作用域。

（二）项目实训的内容要求

1. 用 C 语言实现系统

利用函数调用实现 ATM 机功能的设计；系统的各个功能模块要求用函数的形式实现；提供一个界面来调用各个功能；调用界面和各个功能的操作界面应尽可能清晰美观。

2. ATM 机系统设计

试设计一简单模拟 ATM 机系统，系统以菜单方式工作，采用自定义函数设计各功能模块被主菜单调用，使之能提供以下基本功能。

（1）密码识别功能。

（2）取款功能。

（3）存款功能。

（4）查询功能。

（5）修改密码功能。

（6）正常退出功能。

各功能模块对可能出现的异常情况能进行简单的识别和纠错。

（三）项目实训的时间安排

（1）4 学时，分析需求、理解需求。

（2）8 学时，程序设计，定义数据和功能函数。

（3）24 学时，编写程序、调试、测试。

（4）4 学时，编写设计报告，展示，答辩。

（四）项目实训的成绩评定

（1）程序能正确运行，主菜单能正常调用各功能函数。50%

（2）程序数据设计合理，功能函数设计灵活，能顺利完成 ATM 机操作的基本功能。20%

（3）模拟 ATM 机操作，按照实际要求，各函数模块有一定的纠错功能。10%

（4）各小组分工配合默契，编写设计报告格式完整，功能介绍全面，设计实现具体，演示答辩能准确讲解各功能函数的任务与实现。20%

（五）项目实训报告格式

1. 实训报告内容摘要

（1）设计内容

（2）设计要求

① 用 C 语言实现系统。

② ATM 自动取款系统功能设计。

（3）系统设计方案

① 总体框架图。

② 模块功能划分与流程图。

2. 详细设计与实现（附代码）

（1）模块功能设计实现

（2）模块代码

（3）测试界面

3. 小组成员及工作分工

4. 遇到问题及解决方法

（1）实训中遇到的问题及解决方法

（2）设计中尚存的不足之处

（3）感想和心得体会

5. 最后成绩评定及评语（学生不填）

（六）程序代码

```
#include<stdio.h> /*引用库函数*/
#include<stdlib.h>
#include<string.h>
#include<conio.h>
#include<time.h>
#define ZHANGHUSHU 20
#define JIAOYISHU 20
int caidan();      /*登录注册菜单*/
void zhuce();
void denglu();
void baocunshuju();
int menu();      /*主菜单*/
void cunkuan();
void qukuan();
void zhuanzhang();
void zairuxinxi();
void chaxun();
void xiugaimima();
struct JiaoYi      /*定义交易结构体*/
 {
  char shijian[50];  /*时间*/
```

```
        char leixing[3];  /*类型*/
        float jine;  /*金额*/
        float yue;  /*余额*/ };
        struct ZhangHu  /*定义账户结构体*/
        {char xingming[17];  /*姓名*/
        char zhanghao[20];  /*账号*/
        char shenfenzheng[19];  /*身份证*/
        char mima[7];  /*密码*/
        float yue;  /*余额*/
        struct JiaoYi jiaoyi[JIAOYISHU];  /*在账户的结构体中再定义交易的结构体*/
        int jiaoyishu;
        };
        struct ZhangHu zhanghu[ZHANGHUSHU]; /*定义账户数来确定账户这一结构体中有多
少个体*/
        int j;  /*当前账户*/
        int zhanghushu;
        int k;  /*交易账号*/
        int jiaoyishu;
       void xianshizhanghu();
       void xianshizhanghu();
       int caidan()  /*菜单函数*/
       {
        char c;
        do
        { system("color f0");
         system("cls");  /*每次选择运行前清屏*/
         printf("\n");
         printf("\n");
         printf("\t\t☆★☆★☆★☆★☆★☆★☆★☆★☆★☆★☆★☆  \n");
         printf("\n");
        printf("\t\t    欢迎使用建行 ATM 自动提款机              \n");
        printf("\t\t         ☆☆                ☆☆              \n");
        printf("\t\t §真  ☆     ☆     ☆       ☆    共§      \n");
        printf("\t\t      ☆        ☆  ☆        ☆              \n");
        printf("\t\t §诚  ☆        ☆           ☆    创§      \n");
        printf("\t\t      ☆                   ☆               \n");
        printf("\t\t §为  ☆                  ☆     和§      \n");
        printf("\t\t        ☆              ☆                  \n");
        printf("\t\t §您    ☆             ☆      谐§      \n");
```

```
    printf("\t\t        ☆                ☆                \n");
    printf("\t\t §服      ☆              ☆          生§       \n");
    printf("\t\t            ☆          ☆                 \n");
    printf("\t\t §务          ☆     ☆             活§       \n");
    printf("\t\t                  ☆                       \n");
    printf("\t\t☆★☆★☆★☆★☆★☆★☆★☆★☆★☆★☆★☆    \n");
    printf("\n");
    printf("\n");
    printf("\n");
    system("pause");
    system("cls");
    printf("\n");
    printf("\n");
    printf("\n");
    printf("\t\t=============欢迎使用 ATM 系统==========\n\n"); /*菜单选择*/
    printf("\n");
    printf("\t\t  * 1. 注册*                                   *\n");
    printf("\n");
    printf("\t\t  * 2. 登录                                    *\n");
    printf("\n");
    printf("\t\t  * 3. 保存数据                                *\n");
    printf("\n");
    printf("\t\t  * 0. 退出                                    *\n");
    printf("\n");
    printf("\t\t==============================================\n");
    printf("\n");
    printf("\n");
    printf("\n");
    printf("\t 请作出选择（0~3）: ");
    c=getchar(); /*读入选择*/
    }
      while(c<'0'||c>'3');
      system("pause");
      system("cls");
      return(c-'0');  /*c 变为空后返回重新选择*/
  } /*根据主菜单的返回值来确定主函数的值*/
void zhuce()
 {
    printf("\n\t\t 请输入姓名: ");
```

```
    scanf("%s",zhanghu[zhanghushu].xingming);
    printf("\n\t\t 请输入账号，必须为19位：");
    scanf("%s",zhanghu[zhanghushu].zhanghao);
    do
    {
        printf("\n\t\t 请输入身份证号：");
        scanf("%s",zhanghu[zhanghushu].shenfenzheng);
        if(strlen(zhanghu[zhanghushu].shenfenzheng)==18)
                break;
        else
          printf("\n\t\t 身份证必须是18位，请重新输入！");
    }
    while(1);
    do
    { printf("\n\t\t 请输入密码：");
    scanf("%s",zhanghu[zhanghushu].mima);
    if
        (strlen(zhanghu[zhanghushu].mima)==6)
        break;
    else
        printf("\n\t\t 密码必须是6位，请重新输入！");
    }
    while(1);
    zhanghu[zhanghushu].yue=0;
    zhanghu[zhanghushu].jiaoyishu=0;
     zhanghushu++;
    xianshizhanghu();
return;}
void xianshizhanghu()  /*显示账户函数来显示所输入的账户*/
{
    int i;
    for(i=0;i<zhanghushu;i++)
    {
        printf("\n\n\t 账号\t\t 姓名\t\t 身份证\t\t 密码\t 余额\n");
       printf("\t%s\t%s\t%s\t%s\t%.2f\n",zhanghu[i].zhanghao,zhanghu[i].
xingming,zhanghu[i].shenfenzheng,zhanghu[i].mima,zhanghu[i].yue);
        system("pause");
   }
  }
```

```
void denglu()  /*登录函数*/
{
    char zhanghao[20],mima[7];
    int i=0,t;
    int mimacishu=1;
    printf("\n\t\t 请输入账号: ");
    scanf("%s",zhanghao);
    while(strcmp(zhanghao,zhanghu[i].zhanghao)!=0&&i<zhanghushu)
        i++;
    if(i==zhanghushu)
        return;
         do
         {
             printf("\n\t\t 请输入密码: ");
             t=0; //每次循环都要赋初始值
        while(t<20)
        {
            mima[t]=getch();          /*字符只读不显示*/
            if(mima[t]!='\r' && mima[t]!='\b') /*要处理退格键"\b" */
            {
                printf("*");
            }
            else if(mima[t]=='\b')
            {
                if(t>0) //判断输入退格之前是否已有字符
                {
                    printf("\b \b");  //退一格后用空格覆盖那个*号然后再退一格
(不好描述，大家可以试一下只输入 printf("\b");的情况)
                    t=t-2;//除了\b 这格，还要删除前一格
                }
                else
                {
                    t--;
                }
            }
            else
            {
                mima[t]='\0';
                break;
```

```
        }
        t++;
    }

        if(strcmp(mima,zhanghu[i].mima)!=0)
        {
            if(mimacishu==3)
            {printf("\n");
            printf("\n");
            printf("\n");
            printf("\n");
            printf("\n");
            printf("\t\t你已输入错误3次，银行卡被冻结，\n");
            printf("\t\t请持本人身份证到本行进行解冻，   \n");
            printf("\t\t为了您的财产安全，给您造成不便，\n");
            printf("\t\t请多多谅解！                    \n");
            system("pause");
            return;
            }
            else

            {printf("密码错误请重新输入：\n");
            mimacishu++;
            }
        }
        else
            break;
    }

    while(1);
    for(;;)
    {
        switch(menu())  /*选择判断*/
        {
        case 1: cunkuan(); break;
        case 2: qukuan(); break;
        case 3: zhuanzhang(); break;
        case 4: chaxun(); break;
        case 5: xiugaimima(); break;
```

```
                case 6: return;
            }
            }
    }
    void baocunshuju()  /*保存数据*/
    {int i,j;
    FILE *fp;
    char filename[20];
    printf("\t\t\t 将数据保存到一个文本文件中\n");  /*输入文件名*/
    printf("\t\t\t 请输入文件名");
    fflush(stdin);
    scanf("%s",filename);
    if((fp=fopen(filename,"w"))==NULL)  /*打开文件*/
    {printf("无法创建此文件\n");
    system("pause");
    return;
    }
    fprintf(fp,"%d\n",zhanghushu);  /*循环写入数据*/
    printf("\t 账号\t\t 姓名\t\t 身份证\t\t 密码\t 余额\t 交易数");
    for(i=0;i<zhanghushu;i++)
    {
        fprintf(fp,"\t%15s%10s%20s%10s\t%10.2f\t%5d\n",zhanghu[i].zhanghao,
zhanghu[i].xingming,zhanghu[i].shenfenzheng,zhanghu[i].mima,zhanghu[i].yue,
zhanghu[i].jiaoyishu);
        for(j=0;j<zhanghu[i].jiaoyishu;j++)
        fprintf(fp,"%30s%10s%10.2f%10.2f\n",zhanghu[i].jiaoyi[j].shijian,
zhanghu[i].jiaoyi[j].leixing,zhanghu[i].jiaoyi[j].jine,zhanghu[i].jiaoyi[j]
.yue);
    }
    fclose(fp);
    }
    void duqushuju()
    {int i,j;
     FILE *fp;

        if((fp=fopen("filename.txt","r"))==NULL) /*打开文件*/
        {
            printf("无法打开此文件\n");
            system("pause");
```

```
            return;
    }
        else
        {
            printf("\t\t成功打开文件.\n");
            getch();
            return;
        }
        fscanf(fp,"%d\n",zhanghushu);
        for(i=0;i<zhanghushu;i++)
        {
            fscanf(fp,"%15s%10s%20s%10f\t%10f%5d\n",zhanghu[i].zhanghao,
zhanghu[i].xingming,zhanghu[i].shenfenzheng,zhanghu[i].mima,&zhanghu[i].yue,
&zhanghu[i].jiaoyishu);
            for(j=0;j<zhanghu[i].jiaoyishu;j++)
            {
                fgets(zhanghu[i].jiaoyi[j].shijian,30,fp);
                fscanf(fp,"%5s%10f\t%10f\n",zhanghu[i].jiaoyi[j].leixing,
&(zhanghu[i].jiaoyi[j].jine),&(zhanghu[i].jiaoyi[j].yue));
        }
    }
        fclose(fp);
    }
    int menu()
    {
        char c;
        do
        {
            system("cls");
            printf("\n\n\t\t========  欢迎使用建设银行ATM =======\n\n");
            printf("\n");
            printf("\t\t===========请选择服务===============\n");
            printf("\n");
            printf("\t\t*                                    *\n");
            printf("\n");
            printf("\t\t*       1.实时存款          2.取款服务      *\n");
            printf("\n");
            printf("\t\t*                                    *\n");
            printf("\n");
```

```
        printf("\t\t*      3.转账服务          4.查询          *\n");
        printf("\n");
        printf("\t\t*                                           *\n");
        printf("\n");
        printf("\t\t*      5.修改密码          6.退出          *\n");
        printf("\n");
        printf("\t\t*                                           *\n");
        printf("\n");
        printf("\t\t==============================================\n");
        printf("\n");
        printf("\t 请作出选择（1~7）: ");
        c=getchar();  /*读入选择*/
        system("pause");
    }
    while(c<'1'||c>'7');
    system("cls");
    return(c-'0');  /*c 变为空后返回重新选择*/
}
void cunkuan()  /*存款函数*/
{
    float cunkuanjine;  /*输入的存款金额*/
    int k;
    int i;
    char t[30];
    time_t rawtime;
    struct tm *timeinfo;
    time(&rawtime);
    timeinfo=localtime(&rawtime);
    strcpy(t,asctime(timeinfo));
    for(i=0;t[i]!='\0';i++)
        if(t[i]=='\n')
        {
            t[i]='\0';
            break;
        }
        printf("请输入存款金额（存款金额必须大于 0，不超过 10 000，必须是 100 元的面
额）\n");
        scanf("%f",&cunkuanjine);
        if(cunkuanjine<=0||cunkuanjine>10000||(int)cunkuanjine%100!=0)
```

```
        {
            printf("金额不符合要求，请重新选择");
            return;
        }
        else
        {
            k=zhanghu[j].jiaoyishu;
            strcpy(zhanghu[j].jiaoyi[k].shijian,t);
            strcpy(zhanghu[j].jiaoyi[k].leixing,"存");
            zhanghu[j].jiaoyi[k].jine=cunkuanjine;
            zhanghu[j].yue+=cunkuanjine;
            zhanghu[j].jiaoyi[k].yue=zhanghu[j].yue;
            zhanghu[j].jiaoyishu++;
            printf("\n\\t\t\t 您本次存了%.2f 元\n",cunkuanjine);
            printf("\n\\t\t\t 您的余额为%.2f 元\n",zhanghu[j].yue);
            printf("\n 时间为: %s\n",zhanghu[j].jiaoyi[k].shijian);
            printf("\n 类型为: %s\n",zhanghu[j].jiaoyi[k].leixing);
            system("pause");
        }
}
void qukuan()    /*取款函数*/
{int k;  /*交易下标*/
float qukuanjine;
int i;
char t[30];
time_t rawtime;
struct tm *timeinfo;
time(&rawtime);
timeinfo=localtime(&rawtime);
strcpy(t,asctime(timeinfo));
for(i=0;t[i]!='\0';i++)
    if(t[i]=='\n')
    {
        t[i]='\0';
        break;
    }
    printf("      取款服务    \n");
    printf("\t===============请选择服务===================\n");
    printf("\t*                                          *\n");
```

```
    printf("\t*      100                              200        *\n");
    printf("\t*                                                  *\n");
    printf("\t*      500                              1000       *\n");
    printf("\t*                                                  *\n");
    printf("\t*      其他金额                      6. 返回主菜单 *\n");
    printf("\t*                                                  *\n");
    printf("\t==================================================\n");
    printf("请输入取款金额: \n");
    scanf("%f",&qukuanjine);
    if(qukuanjine<=0||qukuanjine>5000||(int)qukuanjine%100!=0)
    {printf("金额不符合要求，请重新选择");
    return;
    }
    else
        if(zhanghu[j].yue<qukuanjine)
        {
            printf("您的账户余额不足，不能完成这项操作。");
            return;
        }
        else
        {
            k=zhanghu[j].jiaoyishu;
            strcpy(zhanghu[j].jiaoyi[k].shijian,t);
            strcpy(zhanghu[j].jiaoyi[k].leixing,"取");
            zhanghu[j].jiaoyi[k].jine=qukuanjine;
            zhanghu[j].yue-=qukuanjine;
            zhanghu[j].jiaoyi[k].yue=zhanghu[j].yue;
            zhanghu[j].jiaoyishu++;
            printf("\n\\t\t\t 您本次取款%.2f 元\n",qukuanjine);
            printf("\n\\t\t\t 您的余额为%.2f 元\n",zhanghu[j].yue);
            printf("\n 时间为: %s\n",zhanghu[j].jiaoyi[k].shijian);
            printf("\n 类型为: %s\n",zhanghu[j].jiaoyi[k].leixing);
            system("pause");
  }
  }
void zhuanzhang()
  {
    float zhuanzhangjine;
    int i;
```

```
        int l=0;
        char t[30],zhuanzhangzhanghao[12];
        char sign='n';
        time_t rawtime;
        struct tm *timeinfo;
        time(&rawtime);
        timeinfo=localtime(&rawtime);
        strcpy(t,asctime(timeinfo));
        for(i=0;t[i]!='\0';i++)
            if(t[i]=='\n')
            {
                t[i]='\0';
            }
            printf("请输入您要转入的账号：");
            scanf("%s",zhuanzhangzhanghao);
            while(strcmp(zhanghu[l].zhanghao,zhuanzhangzhanghao)!=0&&l
<zhanghushu)
                l++;
            if(l==zhanghushu)
            {
                printf("您输入的用户不存在！\n");
                system("pause");
                return;
            }
            printf("\n 该账户户主姓名为%s\n，是否确认转账 Y/N？ ",zhanghu[j].
xingming);
            scanf("\t\t%c",&sign); /*输入判断*/
            if(sign!='y'&&sign!='Y') /*判断*/
                return;
            else
            {
                do
                {
                    printf("\n 请输入转账金额（大于 100 不超过 5000）：");
                    scanf("%f",&zhuanzhangjine);
                    if(zhuanzhangjine<100||zhuanzhangjine>5000)
                    {
                        printf("输入金额不对，请重新输入！");
                        system("pause");
```

```
                        return;
                    }
                    if(zhanghu[j].yue<=0||zhanghu[j].yue<zhuanzhangjine)
                    {
                        printf("账户余额不足\n");
                        system("pause");
                        return;
                    }
                    else
                    {
                        k=zhanghu[j].jiaoyishu;
                        strcpy(zhanghu[j].jiaoyi[k].shijian,t);
                        strcpy(zhanghu[j].jiaoyi[k].leixing,"转账");
                        zhanghu[j].jiaoyi[k].jine=zhuanzhangjine;
                        zhanghu[j].yue-=zhuanzhangjine;
                        zhanghu[j].jiaoyi[k].yue=zhanghu[j].yue;
                        zhanghu[j].jiaoyishu++;
                        printf("\n\t\t你本次转了%0.2f元\n",zhuanzhangjine);
                        printf("\n\t\t你的余额为%0.2f元\n",zhanghu[j].yue);
                        printf("\n\t\t时间为:%s\n",zhanghu[j].jiaoyi[k]. shijian);
                        printf("\n\t\t类型为:%s\n",zhanghu[j].jiaoyi[k]. leixing);
                        system("pause");
                    }
                }while(0);
            }
            printf("\n\n\t\t转账成功\n\n");
            system("pause");
}
void xiugaimima()  /*修改密码函数*/
{
    char mima1[7],mima2[7];
    do
    {
        do
        {
            printf("\n\n\n\t\t请输入您的新密码: ");
            scanf("%s",mima1);
            if(strlen(mima1)==6)
                break;
```

```
            else
                printf("\n\n\t\t 密码必须是 6 位，请重新输入！");
        }
        while(1);
        do
        {
            printf("\n\n\n\t\t 请确认密码：");
            scanf("%s",mima2);
            if(strlen(mima2)==6)
                break;
            else
                printf("输入密码必须是 6 位，请输入密码：");
        }
        while(1);
        if(strcmp(mima1,mima2)==0)  /*判断第 2 次输入的密码是否与第 1 次的一致*/
            break;
        else
            printf("\n\n\t\t*|两次密码不相同，请重新输入：\n\n");
    }
    while(1);
    strcpy(zhanghu[j].mima,mima1);
    printf("\n\n\t\t 修改密码成功\n\n");
    getch();
    system("pause");
}
int chaxuncaidan();  /*查询菜单*/
void chaxunyue();
void chaxuncunkun();
void chaxunqukun();
void chaxunzhuangzhan();
void chaxunjiaoyi();
void duqushuju();

void chaxun()  /*查询函数*/
{
   for(;;)
   {
       switch(chaxuncaidan())  /*选择判断*/
       {
```

```
        case 1: chaxunyue(); break;
        case 2: chaxuncunkun(); break;
        case 3: chaxunqukun(); break;
        case 4: chaxunzhuangzhan(); break;
        case 5: chaxunjiaoyi(); break;
        case 0: return;
        }
    }
}
int chaxuncaidan()  /*菜单函数*/
{char c;

do
{
    system("cls"); /*每次选择运行前清屏*/
    printf("\t\t ******************查询菜单******************\n\n"); /*菜单选择*/
    printf("\n");
    printf("\t\t *| 1. 查询余额|\n");
    printf("\n");
    printf("\t\t *| 2. 查询存款记录|\n");
    printf("\n");
    printf("\t\t *| 3. 查询取款记录|\n");
    printf("\n");
    printf("\t\t *| 4. 查询转账记录|\n");
    printf("\n");
    printf("\t\t *| 5. 查询交易情况|\n");
    printf("\n");
    printf("\t\t *| 0. 退出 |\n");
    printf("\n");
    printf("\t\t  ***********************************************\n");
printf("\t\t\t 请作出选择 (0~5): ");
c=getchar();  /*读入选择*/
    }
while(c<'0'||c>'5');
return(c-'0');  /*c 变为空后返回重新选择*/
}
void chaxunyue()  /*查询余额函数*/
{
    printf("\n\t 您的余额为%.2f 元\n",zhanghu[j].yue);
```

```
        system("pause");
    }
    void chaxuncunkuan() /*查询存款函数*/
    {
        int i;
        printf("\t\t *************存款查询记录****************\n\n");
        printf("\t 账号\t 姓名\t 交易类型\t 交易时间\t\t 金额\t 余额\n");
        for(i=0;i<zhanghu[j].jiaoyishu;i++)
        {
            if(strcmp(zhanghu[j].jiaoyi[i].leixing,"存")==0)
                printf("\t%s\t%s\t%s\t%s\t%.2f\t%.2f\n\n",zhanghu[j].zhanghao,
zhanghu[j].xingming,zhanghu[j].jiaoyi[i].leixing,zhanghu[j].jiaoyi[i].shiji
an,zhanghu[j].jiaoyi[i].jine,zhanghu[j].jiaoyi[i].yue);
            else;
    }
        system("pause");
    }
    void chaxunqukuan()  /*查询取款函数*/
    {int i;
        printf("\t\t *************取款查询记录****************\n\n");
        printf("\t 账号\t 姓名\t 交易类型\t 交易时间\t\t 金额\t 余额\n");
        for(i=0;i<zhanghu[j].jiaoyishu;i++)
    {
        if
            (strcmp(zhanghu[j].jiaoyi[i].leixing,"取")==0)
            printf("\t%s\t%s\t%s\t%s\t%.2f\t%.2f\n\n",zhanghu[j].zhanghao,
zhanghu[j].xingming,zhanghu[j].jiaoyi[i].leixing,zhanghu[j].jiaoyi[i].shi
jian,zhanghu[j].jiaoyi[i].jine,zhanghu[j].jiaoyi[i].yue);
        else;
    }
    system("pause");
    }
    void chaxunzhuanzhang()/*查询转账函数*/
    {
        int i;
        printf("\t\t *************转账查询记录****************\n\n");
        printf("\t 账号\t 姓名\t 交易类型\t 交易时间\t\t 金额\t 余额\n");
        for(i=0;i<zhanghu[j].jiaoyishu;i++)
        {
```

```
            if(strcmp(zhanghu[j].jiaoyi[i].leixing,"转")==0)
               printf("\t%s\t%s\t%s\t%s\t%.2f\t%.2f\n\n",zhanghu[j].zhanghao,
zhanghu[j].xingming,zhanghu[j].jiaoyi[i].leixing,zhanghu[j].jiaoyi[i].shiji
an,zhanghu[j].jiaoyi[i].jine,zhanghu[j].jiaoyi[i].yue);
            else;
        }
        system("pause");
    }
    void chaxunjiaoyi()  /*查询交易函数*/
    {
        int i;
        printf("\t\t ************交易查询记录****************\n\n");
        printf("\t 帐号\t 姓名\t 交易类型\t 交易时间\t\t 金额\t 余额\n");
        for(i=0;i<zhanghu[j].jiaoyishu;i++)
        {
            printf("\t%s\t%s\t%s\t%s\t%.2f\t%.2f\n\n",zhanghu[j].zhanghao,
zhanghu[j].xingming,zhanghu[j].jiaoyi[i].leixing,zhanghu[j]. jiaoyi[i].shijian,
zhanghu[j].jiaoyi[i].jine,zhanghu[j].jiaoyi[i].yue);
        }
        system("pause");
    }
    void main()  /*主函数*/
    {
        duqushuju();
        for(;;)
        {
            switch(caidan())  /*调用主菜单根据主菜单的返回值来做选择*/
                {
                case 1: zhuce(); break;
                case 2: denglu(); break;
                case 3: baocunshuju(); break;
                case 0: caidan();

    }
    }
    }
    void zairuxinxi()  /*文件操作*/
    {
       int i,n;
```

```
    FILE *fp;
    if((fp=fopen("filename.txt","rb"))!=NULL)
    {
        fread(&n,sizeof(int),1,fp);
        for(i=0;i<n;i++)
        fread(&zhanghu[i],sizeof(struct JiaoYi),1,fp); /*sizeof 计算字节长度*/
        fclose(fp);
    }
}
```

运行界面如图 10-1 所示。

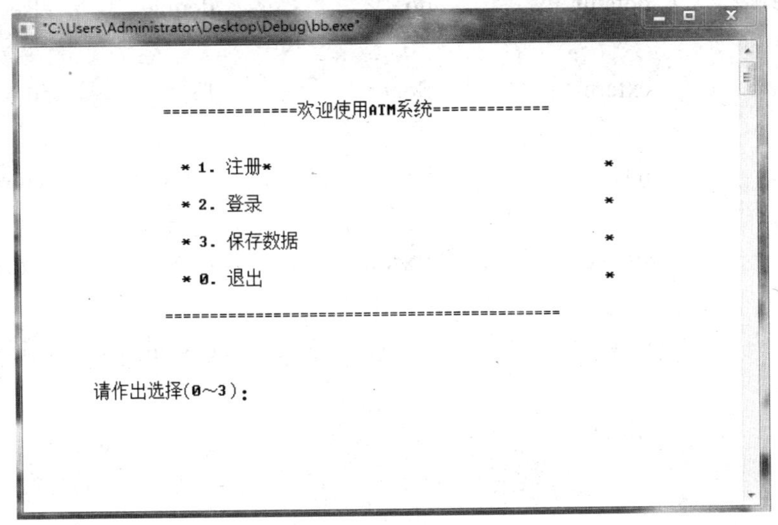

图 10-1　运行界面

附录 1 C 语言中的关键字

auto	break	case	char	const
continue	default	do	double	else
enum	extern	float	fo	goto
if	int	long	register	return
short	signed	sizeof	static	struct
switch	typedef	union	unsigned	void
volatile	while			

附录 2 常用字符与 ASCII 代码对照表

ASCII 值	控制字符	ASCII 值	字符	ASCII 值	字符	ASCII 值	字符
0	NUL	21	NAK	42	*	63	?
1	SOH	22	SYN	43	+	64	@
2	STX	23	ETB	44	,	65	A
3	ETX	24	CAN	45	-	66	B
4	EOT	25	EM	46	.	67	C
5	ENQ	26	SUB	47	/	68	D
6	ACK	27	ESC	48	0	69	E
7	BEL	28	FS	49	1	70	F
8	BS	29	GS	50	2	71	G
9	HT	30	RS	51	3	72	H
10	LF	31	US	52	4	73	I
11	VT	32	空格	53	5	74	J
12	FF	33	!	54	6	75	K
13	CR	34	”	55	7	76	L
14	SO	35	#	56	8	77	M
15	SI	36	$	57	9	78	N
16	DLE	37	%	58	:	79	O
17	DC1	38	&	59	;	80	P
18	DC2	39	‘	60	<	81	Q
19	DC3	40	(	61	=	82	R
20	DC4	41	)	62	>	83	S

续表

ASCII 值	控制字符	ASCII 值	字符	ASCII 值	字符	ASCII 值	字符
84	T	95	—	106	j	117	u
85	U	96	`	107	k	118	v
86	V	97	a	108	l	119	w
87	W	98	b	109	m	120	x
88	X	99	c	110	n	121	y
89	Y	100	d	111	o	122	z
90	Z	101	e	112	p	123	{
91	[	102	f	113	q	124	|
92	\	103	g	114	r	125	}
93	]	104	h	115	s	126	~
94	^	105	i	116	t	127	DEL

附录 3 运算符的优先级和结合方向

优先级	类型	运算符	含义	结合方向
1		() [] -> .	圆括号 数组下标 指针指向 结构类型成员	自左向右
2	单目	! ~ ++ -- - + (类型) * & sizeof	逻辑非 按位取反 自增 自减 负号 正号 强制类型转换 指针所指对象 取地址 计算占用内存字节数	自左向右
3	算术（双目）	* / %	乘 除 取余数	自左向右
4	算术（双目）	+ -	加 减	自左向右
5	位运算（双目）	<< >>	左移 右移	自左向右
6	关系（双目）	> >= <	大于 大于等于 小于	自左向右

续表

<table>
<tr><th>优先级</th><th>类型</th><th>运算符</th><th>含义</th><th>结合方向</th></tr>
<tr><td>6</td><td>关系（双目）</td><td><=
==
!=</td><td>小于等于
等于
不等于</td><td>自左向右</td></tr>
<tr><td>7</td><td>位运算（单目）</td><td>&
|
^</td><td>按位与
按位或
按位异或</td><td>自左向右</td></tr>
<tr><td>8</td><td>逻辑（双目）</td><td>&&
||</td><td>逻辑与
逻辑或</td><td>自左向右</td></tr>
<tr><td>9</td><td>条件（三目）</td><td>?:</td><td>如果…则 否则…</td><td>自左向右</td></tr>
<tr><td>10</td><td>赋值（双目）</td><td>= +=
-= *=
/= %=
>>= <<=
&= ^=
|=</td><td>赋值及自反</td><td>自左向右</td></tr>
<tr><td>11</td><td>顺序</td><td>,</td><td>逗号</td><td>自左向右</td></tr>
</table>

附录④ 常用的C语言标准库函数

1．**数学函数**：使用数学函数时，应该使用"#include 〈math.h〉"把 math.h 头文件包含到源程序文件中。下表中给出了常用的数学函数。

函数原型说明	函数意义解释
double acos(double x)	计算 x 的反余弦值，x 的单位为弧度
double asin(double x)	计算 x 的反正弦值，x 的单位为弧度
double atan(double x)	计算 x 的反正切值，x 的单位为弧度
double ceil(double x)	求不小于 x 的最小双精度数
double cos(double x)	计算 x 的余弦值，x 的单位为弧度
double cosh(double x)	计算 x 的双曲余弦值，x 的单位为弧度
double exp(double x)	求 e 的 x 方幂
double fabs(double x)	求 x 的绝对值
double floor(double x)	求不大于 x 的最大整数
double fmod(double x,double y)	求整数 x/y 的余数
double log(double x)	求 x 的自然对数
double log10(double x)	求以 10 为底的 x 的对数
double pow(double x,double y)	求 x^y 的值
double sin(double x)	求 x 的正弦值
double sinh(double x)	计算 x 的双曲正弦函数的值
double sqrt(double x)	计算 x 的平方根
double tan(double x)	计算 x 的正切值
double tanh(double x)	计算 x 的双曲正切函数的值

2. 输入输出函数：使用输入输出函数时，应该使用“#include 〈stdio.h〉”。

函数原型说明	函数意义解释
void clearerr(FILE*fp);	使 fp 所指文件的错误，标志和文件结束标志置 0
int close(int fp);	关闭文件
int creat(char *filename,int mode);	以 mode 所指定的方式建立文件
int eof(int fd);	检查文件是否结束
int fclose(FILE * fp);	关闭 fp 所指的文件，释放文件缓冲区
int feof(FILE*fp);	检查文件是否结束
int fgetc(FILE*fp);	从 fp 所指的文件中取得下一个字符
char*fgets(char * buf,int n, FILE*fp);	从 fp 指向的文件读取一个长度为(n-1)的字符串，存入起始地址为 buf 的空间
FILE*fopen(char*filename,char *mode);	以 mode 指定的方式打开名为 filename 的文件中
int fprintf(FILE*fp,char *format,args,…);	把 args 的值以 format 指定的格式输出到 fp 所指定的文件中
int fputc(char ch, FILE*fp);	将字符 ch 输出到 fp 指向的文件中
int fputs(char*str, FILE*fp);	将 str 指向的字符串输出到 fp 所指定的文件中
int fread(char*pt,unsigned size,unsigned n, FILE*fp);	从 fp 所指定的文件中读取长度为 size 的 n 个数据项，存到 pt 所指向的内存区
Int fscanf(FILE*fp,char format,args,…);	从 fp 指定的文件中按 format 给定的格式将输入数据送到 args 所指向的内存单元（args 是指针）
int fseek（FILE*fp，long offset,int base）;	将 fp 所指向的文件的位置指针移到以 base 所给出的位置为基准、以 offset 为位移量的位置
long ftell(FILE*fp);	返回 fp 所指向的文件中的读写位置
int fwrite(char*ptr,unsigned size,unsigned n, FILE*fp);	把 ptr 所指向的 n*size 个字节输出到 fp 所指向的文件中
int getc(FILE*fp);	从 fp 所指向的文件中读入一个字符
int getchar(void);	从标准输入设备读取下一个字符
int getw(FILE*fp);	从 fp 所指向的文件读取下一个字（整数）
int open(char*filename,int mode);	以 mode 指出的方式打开已存在的名为 filename 的文件
int printf(char*format,args,…);	按 format 指向的格式字符串所规定的格式，将输出表列 args 的值输出到标准输出设备

续表

函数原型说明	函数意义解释
int putc(int ch, FILE*fp);	把一个字符 ch 输出到 fp 所指定的文件中
int putchar(char ch);	把字符 ch 输出到标准输出设备
int puts(char*str);	把 str 指向的字符串输出到标准输出设备，将'\0'转换为回车换行
int putw(int w, FILE*fp);	将一个整数 w（即一个字）写到 fp 指向的文件中
int read(int fd,char*buf,unsigned count);	从文件号 fd 所指向的文件中读 count 个字节到由 buf 指示的缓冲区中
int rename(char*oldname,char*newname);	把由 oldname 所指向的文件名，改为由 newname 所指向的文件名
void rewind(FILE*fp);	将 fp 指示的文件中的位置指针置于文件开头位置，并清除文件结束标志和错误标志
int scanf(char*format,args,…);	从标准输入设备按 format 指向的格式字符串所规定的格式，输入数据给 args 所指向的单元
int write(int fd,char*buf,unsigned count);	从 buf 指示的缓冲区输出 count 个字符到 fd 所标志的文件中

3.字符函数和字符串函数：使用字符串函数时，应该使用“#include 〈stdio.h〉”，使用字符处理函数时，应该使用“#include 〈ctype.h〉”。

函数原型说明	函数意义解释
int isalnum(int ch);	检查 ch 是否是字母（alpha）或数字（numeric）
int isalpha(int ch);	检查 ch 是否是字母
int iscntrl(int ch);	检查 ch 是否是控制字符（其 ASCII 码在 0 ~ 0x1F）
int isdigit(int ch);	检查 ch 是否是数字（0~9）
int isgraph(int ch);	检查 ch 是否可打印字符（其 ASCII 码在 ox21 ~ ox7E），不包括空格
int islower(int ch);	检查 ch 是否是小写字母（a~z）
int isprint(int ch);	检查 ch 是否可打印字符(包括空格)，其 ASCII 码在 ox20 ~ ox7E
int ispunct(int ch);	检查 ch 是否是标点字符（不包括空格），即除字母、数字和空格以外的所有可打印字符
int isspace(int ch);	检查 ch 是否是空格、跳格符（制表符）或换行符

续表

函数原型说明	函数意义解释
int isupper(int ch);	检查 ch 是否是大写字母（A~Z）
int isxdigit(int ch);	检查 ch 是否是一个十六进制数字字符（即 0~9，或 A~F，或 a~f）
char * strcat(char * str1，char * str2);	把字符串 str2 接到 str1 后面，str1 最后面的'\0'被取消
char * strchr(char * str，int ch);	找出 str 指向的字符串中第一次出现字符 ch 的位置
int strcmp(char * str1，char * str2);	比较两个字符串 str1、str2
char * strcpy(char * str1 , char * str2);	把 str2 指向的字符串复制到 str1 中去
unsigned int strlen(char * str);	统计字符串 str 中字符的个数（不包括终止符'\0'）
char * strstr(char * str1，char * str2);	找出 str2 字符串在 str1 字符串中第一次出现的位置（不包括 str2 的串结束符）
int tolower(int ch);	将 ch 字符转换为小写字母
int toupper(int ch);	将 ch 字符转换成大写字母

4．动态存储分配函数：使用该函数时，应该使用“#include 〈stdlib.h〉”。

函数原型说明	函数意义解释
void*calloc(unsigned n,unsigned size);	分配 n 个数据项的内存连续空间，每个数据项的大小为 size
void free(void * p);	释放 P 所指的内存区
void*malloc(unsigned size);	分配 size 字节的存储区
Void *realloc(void *p,unsigned size);	将 p 所指的已分配内存区的大小改为 size，size 可以比原来分配的空间大或小